化学元素百科全书

王振远

— 编著 —

U0198441

上海科学技术文献出版社
Shanghai Scientific and Technological Literature Press

图书在版编目（CIP）数据

化学元素百科全书 / 王振远编著． — 上海：上海
科学技术文献出版社，2024.
—ISBN 978-7-5439-9153-8

Ⅰ．O611-49

中国国家版本馆 CIP 数据核字第 2024WF1581 号

责任编辑：王　珺　黄婉清
封面设计：留白文化

化学元素百科全书
HUAXUEYUANSU BAIKEQUANSHU
王振远　编著
出版发行：上海科学技术文献出版社
地　　址：上海市淮海中路 1329 号 4 楼
邮政编码：200031
经　　销：全国新华书店
印　　刷：四川省南方印务有限公司
开　　本：850mm×1168mm　1/16
印　　张：18
字　　数：360 000
版　　次：2025 年 1 月第 1 版　2025 年 1 月第 1 次印刷
书　　号：ISBN 978-7-5439-9153-8
定　　价：98.00 元
http://www.sstlp.com

前言

我们生活中的物质是由各种化学元素组成的，包括我们喝的水、吃的食物、呼吸的空气，还有自然界中的石头、树木以及各种材质的人造用具等。有些元素，你可能比较熟悉，比如氧、铁、金等，还有很多元素是我们所不了解的。很多元素的性质都是很奇特的，比如，含硫化合物散发出难闻的臭鸡蛋味；常态下的镓是固体状态的，但是把它放到人手心里，它就会熔化；常温下的氟是气体状态的，却能将混凝土烧出洞。

在自然界中，只有极少数的元素能以单质形式存在，大多数元素都会与其他元素结合成化合物，而我们所接触到的物质多是由这些化合物组成的。比如说，我们吃的食盐是钠和氯两种元素组成的，水是氢和氧两种元素组成的，各种有机化合物都离不开碳元素的参与，其中还有很多是我们身体所必需的营养成分，比如糖类和蛋白质。

元素周期表对各种元素进行了巧妙的分类排列，是我们了解元素的基本工具。元素周期表不仅根据元素的相似性对它们进行了分组，还展示出了各元素的重要信息。对这些信息加以利用，我们就可以制造出很多物品。

你知道每种元素的特性和应用吗？你了解它们背后的故事吗？不了解也没关系，让我们一起走进这本书，跟着各种元素共同来开启这奇妙的旅程吧！

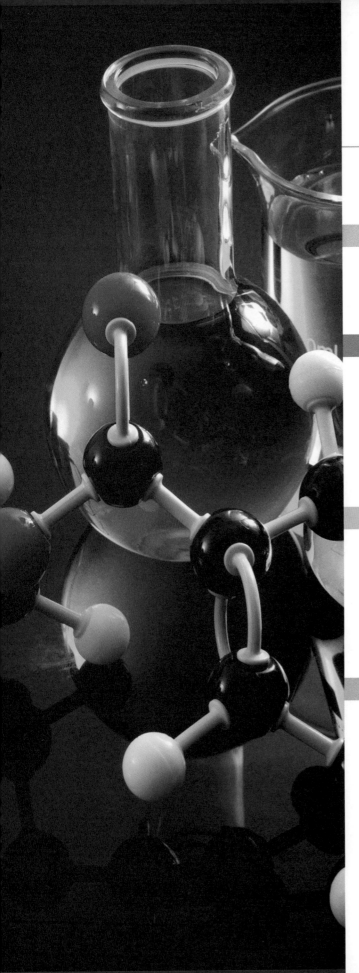

目录

原子和元素

原子	2
元素周期表	4
化学反应	6

碱金属元素

锂	10
钠	12
钾	16
铷	20
铯	23
钫	27

碱土金属元素

铍	30
镁	36
钙	42
锶	50
钡	56
镭	60

过渡金属元素

钪	66
钛	68
钒	72
铬	74
锰	76
铁	82
钴	86
镍	88

铜	94
锌	100
钇	103
锆	105
铌	106
钼	107
锝	108
钌	109
铑	110
钯	111
银	112
镉	114
铪	115
钽	116
钨	117
铼	118
锇	119
铱	120
铂	121
金	122
汞	123
𬬭	123
𬭊	124
𬭳	124
𬭼	124
𬭶	124
𫟼	125
铋	125
𬭚	125
𬭛	125

卤族元素

氟	128
氯	133
溴	138
碘	144
砹	147
鿬	147

锕系元素

锕	150
钍	150
镤	150
铀	151
镎	151
钚	151
镅	151
锔	152
锫	152
锎	152
锿	152
镄	153
钔	153
锘	153
铹	153

镧系元素

镧	156
铈	156
镨	157
钕	157
钷	157
钐	158
铕	158
钆	158
铽	159
镝	159
钬	159
铒	160
铥	160
镱	161
镥	161

稀有气体元素

氦	164
氖	165

氩	165
氪	166
氙	166
氡	167
鿫	167

其他金属元素

铝	170
镓	178
铟	182
锡	184
铅	190
铊	198
𫓧	198
铋	199
镆	202
𬬻	203
𬭓	203
鿏	205

其他非金属元素

氢	208
碳	210
氮	220
磷	226
氧	230
硫	238
硒	246

准金属元素

硼	252
硅	258
锗	268
砷	272
锑	278
碲	282

原子和元素

原子和元素都是化学中的基本概念。元素是具有相同核电荷数的一类原子的总称，它是宏观概念，用于从宏观角度描述物质的组成；原子则是微观粒子，用于从微观角度描述物质的组成和变化。

原子

原子是在化学反应中不可再分的基本微粒。原子虽然在化学反应中不可分，但在物理状态中是可分的。原子很小，即使在平常用的显微镜下也无法观察到，但我们身边的所有物体都是由原子组成的。原子是由更小的粒子组成的，它们分别是质子、电子、中子。

原子序数

元素在元素周期表中的序号被称为原子序数。原子序数在数值上等于原子的质子数量，也等于原子的核外电子数。例如氧的原子序数是8，它的质子数等于电子数8。氢的原子序数为1，是已知的元素中，原子序数最小的。

12　Mg
镁
24.305

▲ 镁的原子序数为12，它的质子数和电子数也为12。

质子
质子是原子核中带正电荷的粒子。

中子
中子是组成原子核的粒子，中子不带电。

电子
电子围绕原子核运动，带负电荷。

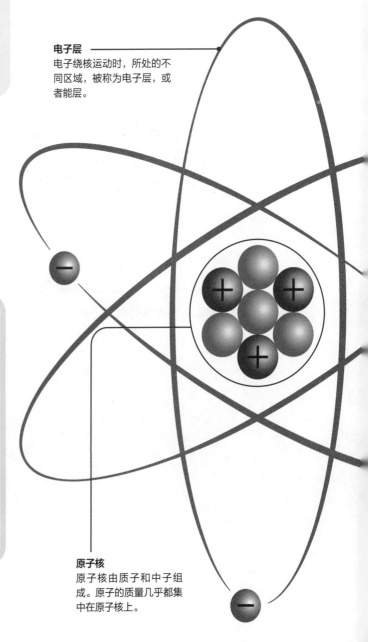

电子层
电子绕核运动时，所处的不同区域，被称为电子层，或者能层。

原子核
原子核由质子和中子组成。原子的质量几乎都集中在原子核上。

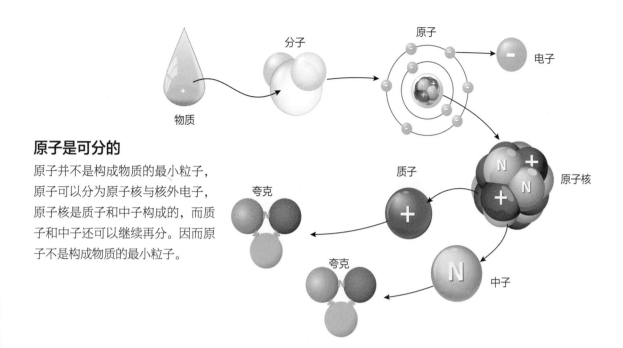

物质　分子　原子　电子　质子　夸克　原子核　中子　夸克

原子是可分的

原子并不是构成物质的最小粒子，原子可以分为原子核与核外电子，原子核是质子和中子构成的，而质子和中子还可以继续再分。因而原子不是构成物质的最小粒子。

电荷

带正电的粒子被称为正电荷（表示符号为"+"），带负电的粒子被称为负电荷（表示符号为"-"）。

▲ 异种电荷相互吸引。

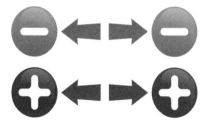

▲ 同种电荷相互排斥。

电中性

当电子多于核内电子时，物体带负电；电子少于核内电子时，物体带正电。正负电荷平衡的状态下，物体呈电中性。静电指的是物体的电子多于或少于原子核的电量，正负电量不平衡的情况。

同位素

质子数相同而中子数不同的同一元素的不同核素互为同位素。

元素周期表

化学元素周期表是根据原子的核电荷数排布的。元素周期表整体上呈长方形，性质相似的元素归在同一族中，部分位置留有空格。周期表中的元素按照不同的特性可分为碱金属元素、碱土金属、卤族元素、稀有气体等。周期表能够预测各元素的特性及相互关系，因此被广泛使用。元素在周期表中的位置，不仅能够显示出原子的结构，还能展示元素的递变规律以及关联性，是化学发展的重要里程碑之一。

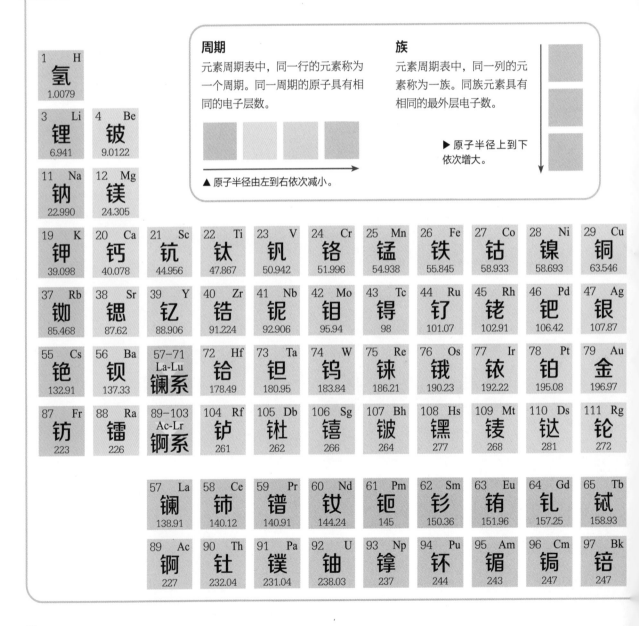

周期

元素周期表中，同一行的元素称为一个周期。同一周期的原子具有相同的电子层数。

▲ 原子半径由左到右依次减小。

族

元素周期表中，同一列的元素称为一族。同族元素具有相同的最外层电子数。

▶ 原子半径上到下依次增大。

1 H 氢 1.0079

3 Li 锂 6.941	4 Be 铍 9.0122

11 Na 钠 22.990	12 Mg 镁 24.305

19 K 钾 39.098	20 Ca 钙 40.078	21 Sc 钪 44.956	22 Ti 钛 47.867	23 V 钒 50.942	24 Cr 铬 51.996	25 Mn 锰 54.938	26 Fe 铁 55.845	27 Co 钴 58.933	28 Ni 镍 58.693	29 Cu 铜 63.546
37 Rb 铷 85.468	38 Sr 锶 87.62	39 Y 钇 88.906	40 Zr 锆 91.224	41 Nb 铌 92.906	42 Mo 钼 95.94	43 Tc 锝 98	44 Ru 钌 101.07	45 Rh 铑 102.91	46 Pd 钯 106.42	47 Ag 银 107.87
55 Cs 铯 132.91	56 Ba 钡 137.33	57–71 La-Lu 镧系	72 Hf 铪 178.49	73 Ta 钽 180.95	74 W 钨 183.84	75 Re 铼 186.21	76 Os 锇 190.23	77 Ir 铱 192.22	78 Pt 铂 195.08	79 Au 金 196.97
87 Fr 钫 223	88 Ra 镭 226	89–103 Ac-Lr 锕系	104 Rf 𬬻 261	105 Db 𬭊 262	106 Sg 𬭳 266	107 Bh 𬭛 264	108 Hs 𬭶 277	109 Mt 鿏 268	110 Ds 𫟼 281	111 Rg 𬬭 272

57 La 镧 138.91	58 Ce 铈 140.12	59 Pr 镨 140.91	60 Nd 钕 144.24	61 Pm 钷 145	62 Sm 钐 150.36	63 Eu 铕 151.96	64 Gd 钆 157.25	65 Tb 铽 158.93
89 Ac 锕 227	90 Th 钍 232.04	91 Pa 镤 231.04	92 U 铀 238.03	93 Np 镎 237	94 Pu 钚 244	95 Am 镅 243	96 Cm 锔 247	97 Bk 锫 247

门捷列夫

门捷列夫是俄国科学家，他在 1869 年首创了现代化学的元素周期律，依照原子质量的大小及化学性质的相似性，制成了第一张元素周期表，并以此预见了一些未被发现的元素。门捷列夫创造的元素周期表，经过多年的修订，才成为现在的元素周期表。

原子序数，表示元素原子核中的质子数

元素的化学符号，第一个字母为大写，第二个字母为小写

2	He
氦	
4.0026	

原子的相对原子质量。由于一种元素会存在多种同位素，互为同位素的核素质量并不相同，因而相对原子质量表示的是元素的平均相对原子质量

原子序数与原子结构的关系

质子数 = 原子序数 = 核外电子数 = 核电荷数

s 区元素

s 区元素指的是元素周期表中第 1 列和第 2 列的元素，也就是第 1 主族（ⅠA）和第 2 主族（ⅡA）的元素。s 区元素位于元素周期表的左侧，在化学反应中只有 s 电子参与成键，化学性质较为简单。

p 区元素

p 区元素指的是元素周期表第 13~18 列的元素，即ⅢA~ⅥA 和零族元素，共有 6 族、31 种元素。硼（B）、硅（Si）、砷（As）、碲（Te）及其右上方的 21 种元素为非金属元素，左下方为金属元素。

d 区元素

d 区元素是指元素周期表中第 3~12 列的元素，即ⅢB、ⅣB、ⅤB、ⅥB、Ⅷ、ⅠB 和ⅡB 族的元素。

f 区元素

f 区元素指的是镧系元素和锕系元素，位于元素周期表下方的位置。其中，镧系元素以及ⅢB族的钪（Sc）、钇（Y）又被称为稀土元素。d 区元素和 f 区素被称为过渡元素或过渡金属。

2	He
氦	
4.0026	

5 B	6 C	7 N	8 O	9 F	10 Ne
硼	碳	氮	氧	氟	氖
10.811	12.001	14.007	15.999	18.998	20.180
13 Al	14 Si	15 P	16 S	17 Cl	18 Ar
铝	硅	磷	硫	氯	氩
26.982	28.086	30.974	32.065	35.453	39.948
30 Zn	31 Ga	32 Ge	33 As	34 Se	35 Br	36 Kr
锌	镓	锗	砷	硒	溴	氪
65.39	69.723	72.64	74.922	78.96	79.904	83.80
48 Cd	49 In	50 Sn	51 Sb	52 Te	53 I	54 Xe
镉	铟	锡	锑	碲	碘	氙
112.41	114.82	118.71	121.76	127.60	126.90	131.29
80 Hg	81 Tl	82 Pb	83 Bi	84 Po	85 At	86 Rn
汞	铊	铅	铋	钋	砹	氡
200.59	204.38	207.2	208.96	209	210	222
112 Cn	113 Nh	114 Fl	115 Mc	116 Lv	117 Ts	118 Og
鿔	鿭	鈇	镆	鉝	鿬	鿫
285	284	289	288	293	294	294

66 Dy	67 Ho	68 Er	69 Tm	70 Yb	71 Lu
镝	钬	铒	铥	镱	镥
162.50	164.93	167.26	168.93	173.04	174.97
98 Cf	99 Es	100 Fm	101 Md	102 No	103 Lr
锎	锿	镄	钔	锘	铹
251	252	257	258	259	262

化学反应

不同的元素以多种方式组合，形成了各种物质。各种物质通过化学反应，使组成物质的原子重新组合，生成新的分子。化学反应中常伴随着发光、发热、变色、生成沉淀物等现象。物质发生化学反应的依据是生成了新的分子。

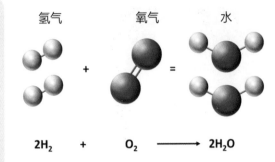

氢气 + 氧气 = 水

$$2H_2 + O_2 \longrightarrow 2H_2O$$

▲ 化学反应本质上是旧化学键断裂和新化学键形成的过程。

化学反应的类型

按照反应物与生成物的类型可将化学反应分成四类：化合反应、分解反应、置换反应、复分解反应。

按照电子得失可将化学反应分为氧化还原反应、非氧化还原反应。氧化还原反应包括自身氧化还原，还原剂与氧化剂反应。

化合反应　A + B　➡　AB

分解反应　AB　➡　A + B

置换反应　AB + C　➡　AC + B

复分解反应　AB + CD　➡　AC + BD

化学键

化学键指的是分子内或晶体内相邻的原子或离子间强烈的相互作用力。化学键有离子键、共价键、金属键3 种类型。

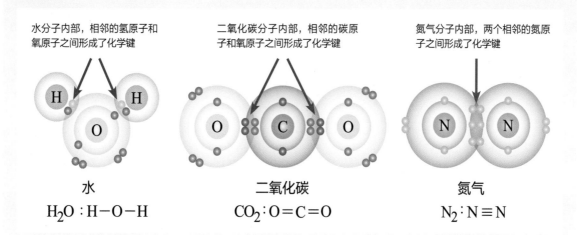

水分子内部，相邻的氢原子和氧原子之间形成了化学键

二氧化碳分子内部，相邻的碳原子和氧原子之间形成了化学键

氮气分子内部，两个相邻的氮原子之间形成了化学键

水
$H_2O : H-O-H$

二氧化碳
$CO_2 : O=C=O$

氮气
$N_2 : N \equiv N$

离子键

离子键是两个或多个原子或化学基团失去或获得电子成为离子后形成的。带相反电荷的离子相互吸引，而电子和电子之间、原子核与原子核之间又有排斥作用，引力与斥力达到平衡时，就形成了离子键。

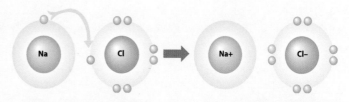

共价键

共价键指的是两个或多个原子共同使用它们的外层电子，这些共用电子之间形成的强烈作用。原子通过共价键达到电子饱和状态，形成稳定的化学结构。

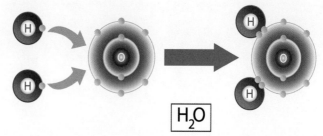

H_2O

金属键

金属键主要存在于金属中，是化学键的一种，由自由电子及排列成晶格状的金属离子之间的静电吸引力组合而成。自由电子不是某个金属原子特有的，而是整个晶体共用的，可以在金属晶体中穿梭运动。在外加电压作用下，这些自由电子能够通过运动在闭合回路中形成电流。

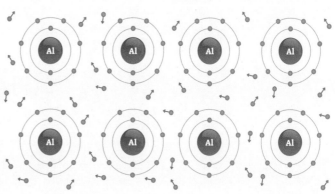

碱金属元素

碱金属元素位于元素周期表的第一列，这一列元素中，除了氢都属于碱金属元素。碱金属元素遇水会发生化学反应，生成氢氧化物，也就是碱，因此它们被称为碱金属元素。自然界中的碱金属不以游离状态存在。

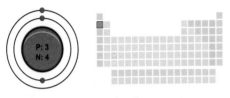

³Li 锂（lǐ）

锂的单质是银白色的金属，密度为 0.534 克／立方厘米，是密度最小的金属。锂单质的熔点为 180.54℃，沸点为 1342℃。金属锂可溶于液氨中。

P: 3
N: 4

电子数：3　质子数：3　中子数：4

锂元素是 1817 年瑞典科学家阿弗韦聪发现的。在自然界中，锂主要存在于各种矿物中，如锂云母、锂辉石及磷铝石矿等，大约有 150 种含锂的矿物。

锂云母

锂云母外表为淡紫色或黄绿色，具有玻璃光泽。常作为提取锂的矿物原料。

▲ 海水中锂的总储量达 2600 亿吨，但由于浓度太低，提炼十分困难。

▲ 地壳中锂的含量约占 0.0065%，其自然储量约为 1100 万吨。盐湖中就含有锂，人类已对其进行大量开采。

◀一些矿泉水中也含有微量的锂元素。

◀一些红色海藻、黄色海藻以及烟草中，常常含有丰富的锂化合物，可进行开发利用。

食物中的锂

锂是人体所需的一种微量元素，具有调节神经中枢、提高人体免疫机能、改善造血功能的作用。

▲ 很多食物中都含有锂，如蘑菇、虾、坚果等。

锂的应用

锂容易与氧、氮、硫等形成化合物，可用于制造轻合金及电池，还能在冶金工业中做脱氧剂，也可用于原子反应堆。

▲ 手机、笔记本电脑等数码产品利用锂离子电池来储存电能。

▲ 假牙中加入锂，可使其变得坚固。

▼ 注射器内部加了锂涂层后，能减缓其中的血液样品的凝固速度。

知识链接

锂是一种很活泼的金属，储存锂时需要隔绝空气，使用时也要注意安全；如果金属锂着火了，要用碳酸钠干粉灭火，用水或者泡沫灭火剂起不到灭火效果。

▲ 在玻璃的制造过程中加入锂，能使其溶解性降低，并能够抗酸腐蚀。

11
Na 钠（nà）

英国化学家戴维在 1807 年通过电解碳酸钠，获得了金属钠。钠元素在陆地和海洋中以盐的形式存在，分布广泛。钠也是人体所需的重要元素。

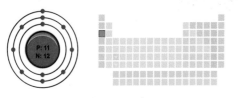

电子数：11　质子数：11　中子数：12

钠单质是一种有银白色光泽的金属，质地柔软，用小刀就可以切割，还具有良好的延展性。钠原子的最外层只有 1 个电子，这个电子不稳定，很容易失去，也因此，钠的化学性质很活泼，能够和许多无机物、有机物以及绝大部分非金属单质发生反应。

钠单质

钠的熔点为 97.81℃，沸点为 882.9℃。钠通常保存在煤油、液体石蜡、矿物油中。

▼ 人体缺乏钠的早期症状有无神、倦怠、淡漠，甚至起身时昏倒。失钠过多会出现恶心、呕吐、痉挛、血压下降等现象。钠的量摄入过多时，会影响肾小管对钙的重吸收作用。因此，对钠的摄取应适量。

▶ 金属钠非常容易氧化，它的表面常有一层氧化物，通常只有刚切开的表面能看到金属光泽。

食物中的钠

钠在各种食物中广泛存在。人体主要的钠来源为食盐以及加工过程中加入钠或含钠的化合物的食物。

▲ 酱油、酱咸菜、发酵豆制品、腌制或盐渍肉、烟熏食品、咸味休闲食品之类的食品中钠的含量丰富。

钠遇水发生爆炸

钠遇到水会发生剧烈的反应，释放热量，生成氢氧化钠，同时放出氢气。

钠的应用

钠在生产生活中的应用非常广泛，例如：测定有机物中的氯；还原和氢化有机化合物；检验有机物中的氮、硫、氟；去除有机溶剂（苯、烃、醚）中的水分；除去烃中的氧、碘或氢碘酸等杂质；制备钠汞齐、醇化钠、纯氢氧化钠、过氧化钠、氨基钠、合金、钠灯、光电池；制取活泼金属等。

食盐

我们日常生活中吃的食盐，其主要成分是氯化钠。氯化钠对于人体而言非常重要，血液中的钠离子浓度会直接影响人体体液的平衡。

▲ 钠蒸气灯通上电后，会发出橙色的光。

知识链接

如果钠发生燃烧，不能用水或卤代烃灭火，而要用石墨粉、碳酸钠干粉或碳酸钙干粉灭火。

钠对人体的重要性

钠元素对人体而言非常重要，成年人体内钠含量很高，约占体重的 0.15%。人体内的钠主要在细胞外液中，骨骼中钠的含量也很高，细胞内液中钠的含量仅占 9%~10%。

钠离子在人体内

钠能够增强神经肌肉兴奋性，还参与糖代谢以及氧的利用等过程。

钠离子还有维持体内酸碱平衡的功能。

细胞外部

细胞膜

细胞内部

钠离子是胰液、汗液、胆汁、泪水的组成成分。

钠与人体能量的生产和代谢有关。

钠离子有维持血压的作用。

▲ 钠离子参与细胞中水的代谢，调节人体的水分与渗透压，保证体内水的平衡。

▶ 一些肥皂中加入了含钠的化合物。

卡车为道路撒盐

盐的主要成分是氯化钠，盐水的凝固点低于水的凝固点。在雪后的道路上撒盐，会使道路不易结冰，使车辆行驶更安全。

▶ 但这类除雪方式的缺点是容易腐蚀大型公共基础设施。

乌尤尼盐沼

位于玻利维亚波托西省的乌尤尼盐沼是世界上最大的盐沼。每年雨季到来时，乌尤尼盐沼中会注满雨水，成为一个浅湖，而到了旱季，湖水被蒸发殆尽，干涸的湖面就会留下一层厚厚的矿物质硬壳，"硬壳"的主要成分是盐，中部的厚度达到了6米。

19 K 钾 (jiǎ)

钾元素在自然界中以盐的形式存在，广泛分布在陆地和海洋中。钾参与维持人体肌肉组织和神经组织的正常功能，也在植物的生长过程中起着重要的作用。

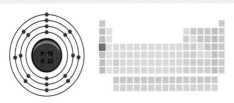

电子数：19　质子数：19　中子数：20

钾的单质是银白色、质软的金属，可以用小刀切割。钾在自然界没有单质形态存在。

存放在矿物油中的钾

钾的熔沸点都比较低，熔点为 63.65 ℃，沸点为 774 ℃，密度比水小。

▲ 钾平时保存在煤油或矿物油中。

钾长石

钾长石一般呈肉红色、白色或灰色。

钾遇水发生爆炸

钾的化学性质极度活泼，遇到水会发生剧烈的起火反应。

◀香蕉中富含钾，适量食用香蕉有助于预防心脏病及中风。

◀草木灰是植物燃烧后的灰烬，是一种养分全、成本低、来源广的农家肥，其主要成分为碳酸钾。

钾的应用

钾能提高植物的抗寒、抗盐碱、抗病虫害等能力，促进植株健壮生长，增加植物体内酶的活性，改善果实品质。

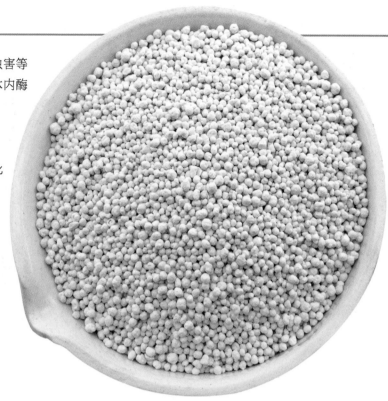

▶ 钾的化合物如碳酸钾、氯化钾、硝酸钾等，都可用作肥料。

▼ 洗手液中加入了钾的化合物，起到清洁的作用。

高钾血症

高钾血症是由于急性肾衰竭、肾上腺皮质激素合成分泌不足等疾病或者含钾药物输入过多等原因而造成的。症状有四肢麻木、肌肉酸疼、极度疲乏、恶心呕吐、腹痛等。血钾浓度过高时还会影响呼吸肌，使患者发生窒息。

▲ 高钾血症患者要停止服用诱发病情的药物，也不可服用会导致血钾升高的药物。患者需保证低钾饮食，限制每日钾的摄入。

▲ 在美国犹他州的莫阿布沙漠中，有一片钾盐湖。蓝色的湖泊坐落在红色的荒漠中，景色绮丽梦幻。湖水颜色深浅不一，这是由于不同区域湖水的蒸发量不同而造成的。湖水蒸发后析出的钾盐晶体可用于生产加工。

▲ 氯化钾可用于预防和治疗低钾血症等。但不可过量服用氯化钾药片，否则会产生严重的副作用。

◀苏打水中的含钾化合物能够提升其口感。

37
Rb 铷（rú）

铷的单质是一种银白色轻金属，质地柔软，呈蜡状，化学性质比钾活泼。铷和水作用会发生爆炸反应。

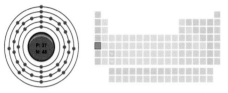

P: 37
N: 48

电子数：37 质子数：37 中子数：48

在许多矿物、矿泉水以及植物灰烬中，存在少量化合物状态的铷。电解或化学还原铷的化合物可得到金属铷。铷在空气中可以自燃。

天河石

天河石中铷的含量较高，可用于提取铷和铯，也可用做装饰石料。由于天河石中含少量的铷和铯，因而外观呈绿色、蓝绿色和天蓝色。质量上乘的天河石可做宝石。

锂云母

锂云母中铷的含量大约占3.5%。我国的铷资源主要存在于锂云母和盐湖卤水中。

铷的应用

铷在能源、医药、电子元件、电子、催化剂、特种玻璃、磁流体发电乃至火箭离子推进装置中都有着广泛的应用。

▲ 紫色的烟火是由氮和铷的化合物燃烧产生的。

铷的发现

1861 年，德国化学家本生和基尔霍夫在研究一种矿泉水和锂云母矿石中的光谱时，发现了一种未知元素，这种元素能产生红色光谱线，这就是铷。

▲ 铷是第一个用光谱分析法发现的元素。

夜视镜

夜视镜的镜片中含有铷，能够让人在夜间视物。

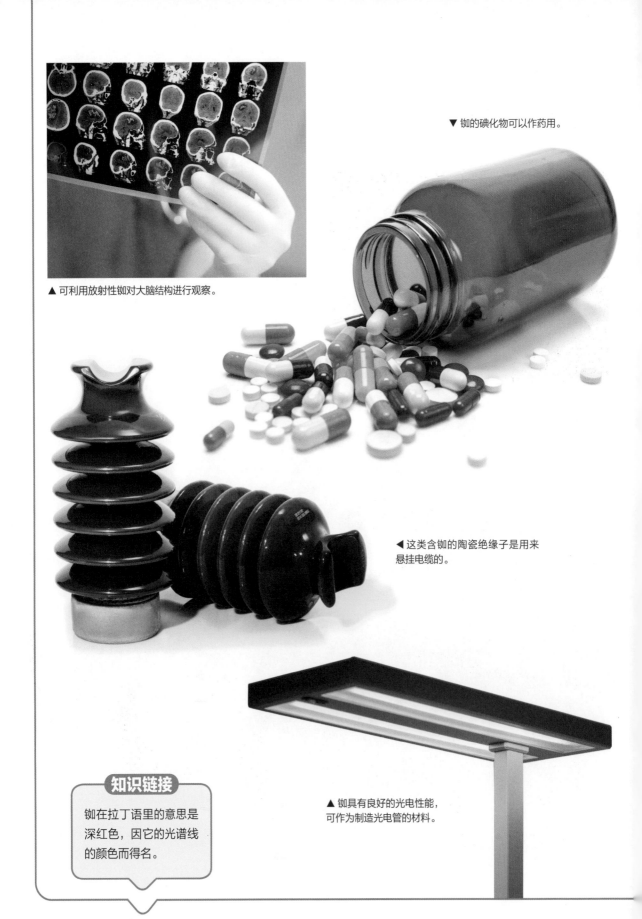

▲ 可利用放射性铷对大脑结构进行观察。

▼ 铷的碘化物可以作药用。

◀这类含铷的陶瓷绝缘子是用来悬挂电缆的。

知识链接

铷在拉丁语里的意思是深红色，因它的光谱线的颜色而得名。

▲ 铷具有良好的光电性能，可作为制造光电管的材料。

55 Cs 铯（sè）

铯是一种淡金黄色的活泼金属，是金属性最强的金属。铯的熔点较低，在空气中容易被氧化，遇水会爆炸，并生成氢气。

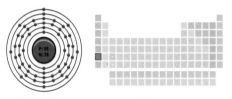

电子数：55 质子数：55 中子数：78

认识铯

铯以盐的形态存在于陆地和海洋中，且数量极少，自然界中没有单质形态的铯。

▲ 铯的化学性质非常活泼，保存在石蜡和煤油中易变质，因而一般在真空或氩气中密封保存。图中为密封玻璃容器中的金属铯。

▲ 日本福岛第一核电站泄漏出的放射性物质中含有铯-137。

伟晶岩

伟晶岩中含有铯等稀有金属。

铯沸石

铯沸石也叫铯榴石，外观无色透明、有玻璃光泽。铯沸石是提取铯的主要原料。

锂云母

锂云母中含有少量铯。

▶ 铯在地壳中含量占比
大约为 $2×10^{-3}$%。

◀ 图中为密封的放射
性源铯 −137。

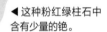

◀ 这种粉红绿柱石中
含有少量的铯。

▼ 铯元素多分布于含矿物质较丰富的水中。

铯的应用

由于其独特的金属性，铯被广泛应用于航空航天、材料制造等领域，化学上多用作催化剂。铯的放射性同位素可用于辐射育种、医疗器械杀菌及工业设备的 γ 射线探伤等。

▶ 铯离子可作为宇宙航行离子火箭发动机的"燃料"。铯原子的最外层电子不稳定，容易失去外层电子变成铯离子，而铯离子可以在磁场的作用下，高速喷射出去，给火箭强大的推动力。

铯原子钟

铯原子钟能够精确地测量出十亿分之一秒的时间，稳定性和精确度远超其他钟表。

▲ 铯的放射性同位素用于工业设备的 γ 射线探伤。

▲ 铯 –137 可作为 γ 辐射源用于食品加工厂的食品储存。

铯的发现

铯是德国物理学家基尔霍夫和德国化学家本生于 1860 年发现的。他们在某种矿物质水的光谱中，发现了铯元素的光谱。他们提炼出 7 克氯化铯，但没能提取出金属铯。波恩大学的考尔·希欧多尔·赛特伯格教授，通过电解熔融的氰化铯获取了铯。

▲ 印在邮票上的基尔霍夫图像。

▲ 铯可用于制造真空件器。

知识链接

铯在拉丁语里的意思是天蓝色，是由其发现者基尔霍夫教授和本生为它命名的。

▲ 在钻井液中加入高密度的铯化合物，能够防止有毒气体向地表扩散。

▲ 铯的放射性同位素可用于对医疗器械杀菌。

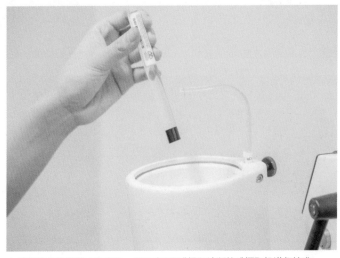

▲ 利用铯的放射性同位素铯 -137 对用于碘摄取诊断的碘摄取机进行校准。

87 Fr 钫（fāng）

1939 年，法国女科学家玛格丽特·佩雷在研究锕的同位素锕-227 的 α 衰变产物时，发现了一种新的元素，并对这种元素进行了研究。佩雷为了纪念自己的祖国，把这种元素取名为 francium，即钫。钫本身带有放射性，它的半衰期不超过 21 分钟，因而它的化学性质难以研究。同属于碱金属，钫的某些化学性质和铯相似，它的金属性不如铯。

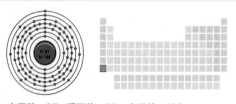

电子数：87 质子数：87 中子数：136

认识钫

钫在自然界的量极少。钫衰变很迅速，任何时刻地壳中钫的含量大约都只有 30 克。在含量最高的矿石中，每吨矿石也只含有 0.0000000000037 克钫。所有的钫盐都可溶于水。钫的化学性质极度活泼，因此无法制取纯钫。由于钫不稳定且稀有，所以没有被应用于商业领域。但钫在生物学和原子结构的研究领域发挥着作用。钫可以用于癌症诊断，但是并不实用。

▲ 钍矿中含有钫元素。1828 年，钍矿这类矿物在挪威被发现。

▼ 铀矿中含有微量的钫，大约每 1×10^{18} 个铀原子中才能发现一个钫原子。

知识链接

钫可以与多种铯盐反应，生成沉淀物，分离出钫；钫是自然存在的元素中最不稳定的一种；接触钫时需注意放射性危害。

碱土金属元素

碱土金属元素是位于元素周期表中ⅡA族的元素，这些元素性质活泼，常以化合物的形式存在于地壳中常见的矿物中。碱土金属元素对应的氢氧化物的水溶液都呈强碱性，因而得名。碱土金属在自然界都有存在，碱土元素首次被提纯是在19世纪。

$^4_{Be}$ 铍 (pí)

铍是一种灰白色的碱土金属，是碱土金属中最轻的，但它的性质跟同族元素有很多不同。目前已知的含铍矿物有 30 多种，最主要的有硅铍石、金绿宝石和绿柱石。

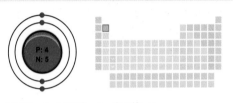

电子数：4　质子数：4　中子数：5

铍是一种两性金属，既可以溶于酸也可以溶于碱液。铍的硬度比其他碱金属高，无法用刀子切割。

▲ 金属铍的熔点为 1283℃，沸点为 2570℃，密度为 1.848 克 / 立方厘米。铍可以形成聚合物和热稳定性良好的共价化合物。

▶ 含氟铍矿石中含有铍、铝、氟、氧等元素。

硅铍石

硅铍石是一种硅酸铍矿物，外形很像水晶，因而又称为似晶石。硅铍石中常含有微量的氧化镁、氧化钙、氧化铝和氧化钠等。

金绿宝石

金绿宝石也叫金绿玉、金绿铍，是铍和铝的氧化物，是一种名贵的宝石，通常有较好的透明度，外观呈黄色或黄绿色。

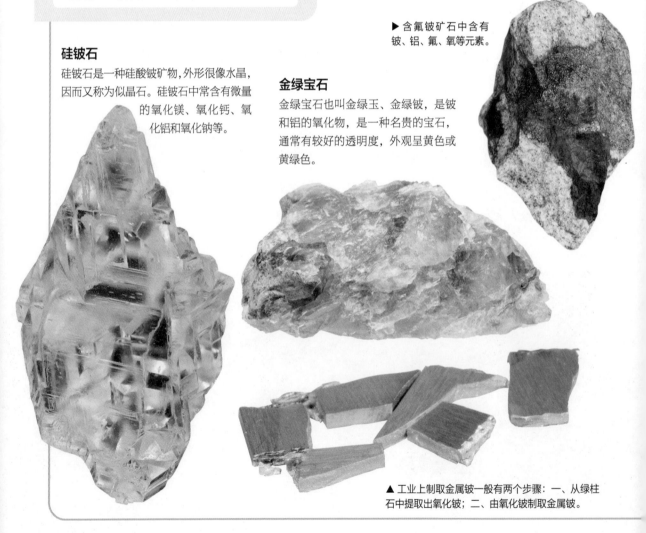

▲ 工业上制取金属铍一般有两个步骤：一、从绿柱石中提取出氧化铍；二、由氧化铍制取金属铍。

绿柱石

绿柱石又被称为绿宝石，是铍－铝硅酸盐矿物。在不同条件下形成的绿柱石，所含的致色离子也不同，因此会呈现不同的颜色。

▲1968年之前，含铍的矿物中只有绿柱石具有工业价值，从1968年开始，工业上才开始使用含水硅铍石制铍。

▲ 海蓝宝石是绿柱石的一个变种，因含有微量的二价铁离子而呈淡淡的蓝色，以颜色纯正、明净无瑕者为最佳。

▲ 祖母绿宝石是绿柱石的一个变种，是一种名贵的宝石，外观呈绿色，以绿中带蓝、纯净通透者为佳。

铍的发现

铍元素是1798年法国化学家沃克兰对绿柱石进行化学分析时首先发现的。单质铍直到1828年才由德国化学家维勒用金属钾还原氯化铍而制得。

▲ 维勒

◀ 沃克兰

◀摩根石是绿柱石的一个变种，也叫粉红绿柱石。摩根石的颜色有粉红色、桃红色、浅橙红色、玫瑰色、紫红色等，成色原因是矿石中含有锰或者铯。

▲ 红绿柱石是一种绿柱石族矿物，与摩根石（粉红绿柱石）的主要区别是化学成分上有所不同。红色绿柱石不含水，碱金属含量很低，锰的含量大约是粉红绿柱石的20倍。

▲ 金绿柱石也叫作黄色绿柱石，属于绿柱石族矿物。金绿柱石的颜色有淡柠檬黄色、金黄色、黄棕色、黄褐色、绿黄色、橙色等，致色元素为铁。

铍的主要用途是制备合金，在原子能、航空、火箭、导弹、宇宙航行以及冶金工业中都发挥着重要的作用。

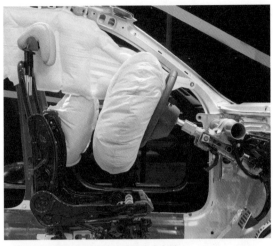

▲ 汽车上连接安全气囊的传感器中含有铍。

▲ 铍制刹车盘相较于铝制刹车盘，对高温的承受能力更强。

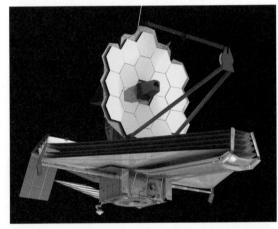

▲ 詹姆斯·韦伯空间望远镜所用的铍制镜片，能够应对寒冷的太空环境，不因寒冷而收缩。

◀铍是一种优秀的宇航材料。制造火箭和卫星时要使用重量轻、强度大的材料，铍相较于常用的铝和钛，质量要轻很多，且强度较大，还有很强的吸热能力，机械性能优良。

强子对撞机

进入强子对撞机的质子束，是从铍管中发射的。

铍的毒性

铍的单质和化合物都有甜味，但都含有剧毒，少量摄入就能使人失去性命。铍的化合物如氧化铍、硫化铍、氯化铍、氟化铍、硝酸铍等毒性较大，金属铍的毒性较之弱一些。氧化铍在人体中主要储存在肺部，能够引发肺炎。可溶性铍化合物多在肝脏、肾脏、骨骼和淋巴结等处存留，引发器官病变。铍在人体中排泄缓慢，所以接触铍及其化合物时要谨慎。

▲ 铍矿床是稀有金属矿床之一，主要的类型有绿柱石伟晶岩矿床、含绿柱石花岗岩矿床、绿柱石－石英脉矿床、绿柱石－黑钨矿－石英脉矿床、含锌日光榴石云英岩矿床等。图中是位于俄罗斯布里亚提亚的铍矿床。

▲ 这种自动喷水灭火装置所用的密封圈是由铍镍合金制成的，即使喷出的水压强非常高，也不会造成水从周围漏出来。

▲ 阿帕奇武装直升机上安装的窗户，是由铍合金制成的。

▲ 金属铍对于液体金属有较强的抗腐蚀性，可用于核反应堆的热交换器中。

铍青铜

在青铜中加入 1%~3.5% 的铍可制成铍青铜，铍青铜的机械性能优于钢，且具有良好的抗腐蚀性，以及良好的导电性。铍青铜可用于制造手表里的游丝、海底电缆、高速轴承等。

▲ 工业用铍，小部分以金属铍的形态投入应用，多数以氧化铍的形态制造铍铜金属，还有少量用作氧化铍陶瓷。

▲ 高速轴承

▲ 海底电力电缆

防磁镊子

▲ 含镍的铍青铜还可用于制造防磁零件。

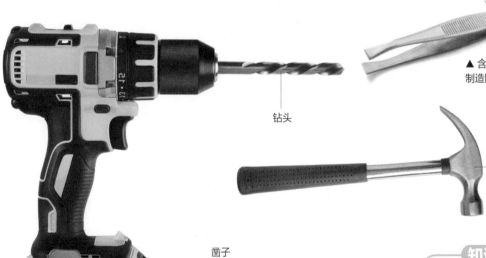

钻头

锤子

凿子

▲ 铍青铜中加入一定含量的镍，可以使它在受到撞击时不产生火花。利用这一特征，可以将这种合金制作成石油、矿山工业专用的锤子、凿子、钻头等，在作业时能预防火灾和爆炸事故。

知识链接

1999 年，全球铍金属的储量为 44.1 万吨；美国是世界上最大的铍生产国和最大的铍消费国；我国的铍资源的主要分布区为新疆、内蒙古、四川和云南。

12 Mg 镁（měi）

镁是一种银白色金属，具有一定的延展性和热消散性。镁的化学性质很活泼，能与酸发生反应，产生氢气。

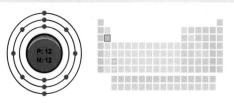

电子数：12 质子数：12 中子数：12

地壳中镁的质量约占2%，是地壳中第八丰富的元素，镁元素也是宇宙中含量第七多的元素。白云岩、菱镁矿、水镁矿和橄榄石等是几种主要的含镁矿物。

▼ 金属镁的密度为1.74克/立方厘米，熔点为648℃，沸点为1107℃。

◀水镁石也称氢氧镁石，是提取镁的原料之一，常含有铁、锰、锌、镍等杂质。水镁石的颜色为白色至淡绿色，其中混入锰或铁就会呈绿色、黄色或褐红色。

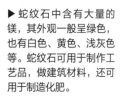

▶蛇纹石中含有大量的镁，其外观一般呈绿色，也有白色、黄色、浅灰色等。蛇纹石可用于制作工艺品，做建筑材料，还可用于制造化肥。

▲ 菱镁矿外观为白色或灰白色，有光泽，若菱镁矿中含铁则会呈黄色到褐色。菱镁矿可用于制取镁的化合物、提炼镁、制作耐火材料等。

▲ 橄榄石所含的主要元素有铁、镁、硅，同时还可能含有锰、镍、钴等元素。橄榄石因外观多呈橄榄绿色而得名。

▼ 白云岩外观呈灰白色、灰褐色、浅黄色、浅黄灰色、淡肉红色等。白云岩硬度大，性脆，可用铁器擦出划痕，风化后会形成白色石粉。白云岩的含镁量较高，主要成分为白云石。

▲ 镁是一种活泼的金属，在空气中缓慢氧化的金属镁表面会变黑。

知识链接

中国有各种类型的镁资源矿石，镁的储量和产量位居世界第一，是世界上镁资源最丰富的国家。

▲ 海水、天然盐湖水中含有丰富的镁资源。

▲ 直闪石是闪石的一种，是镁和铁的硅酸盐矿物。外形一般为纤维状、石棉状或放射柱状。颜色为白色到淡绿褐色，铁含量高的呈褐色，有玻璃或丝绢光泽。

▲ 加塔角·尼哈尔自然公园位于西班牙阿尔梅里亚省，这里有湿地、火山悬崖、沙滩、海水潟湖等多种景观，这里也是西班牙最大的沿海保护区，有多种动植物。这里的礁石富含钙、铝、镁等元素，石灰石构成的陡峭的崖壁随处可见。

镁的应用

镁可以作为还原剂，置换铍、铀、钛、锆等金属。金属镁主要用于制造轻金属合金、科学仪器等，也可以作为制作烟火、闪光粉、照明弹、镁盐、吸气器的材料。

▶ 用镁合金材料制作的照相机机身，不仅质量轻，还不容易生锈。

▼ 这种硅酸盐水泥的成分中含有氧化镁。

▶ 使用镁合金材料制作的笔记本外壳，具有坚固、质量轻的优点。

▲ 镁合金能使车轮更加结实，外观更加闪亮、美观。

富含镁的食物

紫菜中的镁含量最高，每100克紫菜中就含有460毫克镁，因而它被称为"镁元素的宝库"。海参、鲍鱼、海蜇皮、虾皮、榛子、黑芝麻、西瓜子、葵花籽、燕麦片、花生、黄豆、海米、小米、苋菜、小茴香、木耳、砖茶、绿茶、花茶、咖啡、可可粉、棉籽粉、大豆等食物中也含有丰富的镁。

▲ 爽身粉中含有碳酸镁。

▲ 葵花籽

▲ 榛子

▲ 绿茶

▲ 花茶

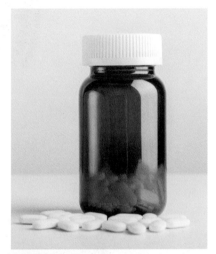

▲ 铝碳酸镁片是一种胃药，可用于治疗胃炎等病症。

▲ 镁能够有效地防止金属腐蚀，被广泛运用在石油管道、储罐、地下铁制管道、海上设施等方面。

▲ 镁的化合物燃烧后会发出白光，可用于制造烟火。

▲ 攀岩运动员在手上涂抹一些镁粉，可以吸收手上的汗液和岩壁上的水分，以此增大双手与岩壁之间的摩擦力。

▲ 含有硫酸镁的晶体可作为沐浴剂加入水中，能起到舒缓皮肤的作用。

▲ 镁肥能够使植物更好地吸收磷，植物缺镁就会生长迟缓。

镁的摄取要适量

镁是人体的必需元素，人体的骨骼、软组织、血红细胞中都含有镁。人体对镁的摄取不足或过量，都会影响身体健康。人体缺镁会有厌食、恶心、呕吐以及衰弱的表现，严重的会导致记忆力减退、神志不清、精神紧张、手足徐动等，甚至会有癫痫样发作或心搏停止。人体过量摄入镁，则会表现为恶心、胃肠痉挛、嗜睡、肌无力、肌麻痹、膝腱反射弱等。

▲ 缺镁者应少喝过浓的咖啡和茶。

20 Ca 钙（gài）

钙是地壳中第五多的元素，地壳中的钙含量为4.15%。钙也是生物体所需的重要元素，存在于生物体的血液和骨骼等处，人体缺钙会引起一系列疾病。

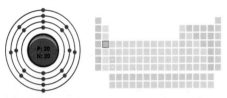

电子数：20　质子数：20　中子数：20

认识钙

钙是一种银白色的轻质金属，化学性质很活泼，自然界中的钙元素多以离子状态或化合物的形式存在。

▲ 金属钙接触到空气后，会在表面形成一层氧化物或氮化物薄膜，从而减缓腐蚀。

▼ 文石又称霰石，是一种碳酸盐矿物，主要成分为碳酸钙。

▲ 萤石也叫作氟石，其主要成分是氟化钙。萤石晶体质脆，有玻璃光泽，颜色多变，有无色、黄色、粉红色、紫色、绿色、蓝色、棕色等多种色彩。

▲ 石膏的主要化学成分是硫酸钙的水合物。

▲ 白云石主要的化学成分为碳酸镁钙。纯白云石是白色的，当含有其他杂质时会呈灰黄、灰绿、粉红等颜色。

钙的发现

在很长一段时期里，化学家们都认为从石灰石煅烧得到的钙的氧化物是不可再分的物质。1789 年，拉瓦锡就已经将钙元素列入元素周期表中。直到 1808 年，英国的化学家戴维和瑞典的贝采利乌斯、法国的蓬丁才提取出银白色的金属钙。

▲ 戴维

▲ 磷灰石是一类含钙的磷酸盐矿物，有浅绿、褐红、黄绿等颜色，具玻璃光泽，通常用来制造磷肥和磷素。磷灰石中氧化钙的含量约为 55.38%，三氧化二磷的含量约为 42.06%，还含有氟、氯等元素。

◀ 石灰石是一种常见的建筑材料和工业原料，主要成分为碳酸钙。石灰石可以加工成石料，也可烧制成生石灰。生石灰的主要成分为氧化钙，氧化钙加水就变成了熟石灰。熟石灰主要成分为氢氧化钙。

▲ 海水中氯化钙的含量约占 0.15%。

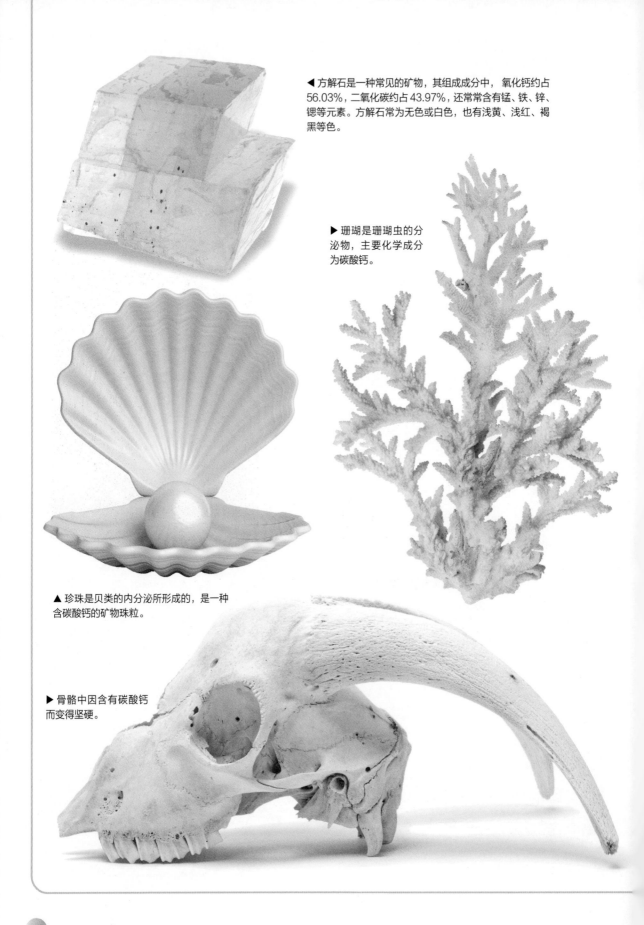

◀ 方解石是一种常见的矿物，其组成成分中，氧化钙约占56.03%，二氧化碳约占43.97%，还常常含有锰、铁、锌、锶等元素。方解石常为无色或白色，也有浅黄、浅红、褐黑等色。

▶ 珊瑚是珊瑚虫的分泌物，主要化学成分为碳酸钙。

▲ 珍珠是贝类的内分泌所形成的，是一种含碳酸钙的矿物珠粒。

▶ 骨骼中因含有碳酸钙而变得坚硬。

▼ 蛋壳主要是由蛋白质纤维所构成的基质和基质上堆积的钙质结晶物组成的。

▲实验室制取的氧化钙粉末。

▲ 飞喷泉是位于美国内华达州黑岩沙漠内一处干涸湖床中的景观。此处有众多的温泉和地热水喷出而形成的间歇喷泉。构成飞喷泉的是一堆碳酸钙岩石，水中生长的藻类和细菌赋予了岩石丰富、奇妙的色彩。

◀大理石是石灰石在高温高压下形成的，可用于制作雕像。

钙的应用

钙在工业、医学、生物等领域都有着广泛的应用。钙既可以与铝、铜、铅制成合金，也可以作为制铍的还原剂以及制造合金的脱氧剂。

▲搪瓷的制作过程中，需要用到碳酸钙、氟化钙等材料。

生物钙

生物钙是以成熟的淡水珍珠蚌壳为原料，经过清洗、研磨、干燥、粉碎、消毒、烘干、再粉碎、过筛等步骤后，制得的天然生物钙粉。这种钙粉不仅含钙量高，易被人体吸收，且无毒、无激素，可作为食品、饮料的钙添加剂。

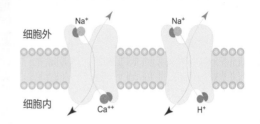

▲ 制造粉笔需要硫酸钙。

钙对人体的重要性

人体中钙的质量大约占 1.4%。人体每天都需要补充钙，钙含量不足或过剩都会影响身体健康。

▲ 钙参与到人体血液凝结、神经传递、肌肉收缩、乳汁分泌、激素释放等环节中。

◀ 钙是人体骨骼、牙齿的重要组成成分，人体中大多数的钙以骨盐的形式存在。

◀ 抗酸药片中含有碳酸钙，可以中和酸。

▶ 狮身人面像是由一种含石灰岩的岩石制成的。

含钙量高的食物

各种食品中，牛奶和奶制品含钙量最高。一杯 200 毫升的牛奶含钙离子大约 300 毫克。植物性食物中豆制品含钙量比较高，蔬菜中菠菜、西蓝花等钙含量较高。此外，海产品中含钙量也比较高。

▲ 豆腐

▲ 菠菜

▲ 牛奶

▲ 石膏可用于固定骨折患者的断骨，这是因为石膏干燥后会变硬，能起到一定的支撑性。

▶ 氟化钙可用于制造光学玻璃。

▲ 海螺壳的主要构成成分是碳酸钙。

▼ 钙可以用作电子管的消气剂、石油精制的脱硫剂、有机溶剂的脱水剂等。

▲ 过氧化钙是一种和缓的氧化剂，可作为杀菌、防腐或漂白药剂使用。

知识链接

不同年龄的人群每日钙的摄入推荐量为：6 个月以内 200 毫克、6 个月 ~1 岁 250 毫克、1~4 岁 600 毫克、4~7 岁 800 毫克、7~11 岁 1000 毫克、11~14 岁 1200 毫克、14~18 岁 1000 毫克、18~50 岁 800 毫克、50 岁以上 1000 毫克。

38 Sr 锶 (sī)

锶是一种银白色质软金属，有黄色光泽，易传热。电解熔融的氯化锶可制得金属锶。锶在空气中加热到熔点时会燃烧。

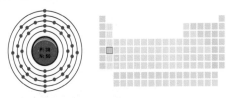

电子数：38　质子数：38　中子数：50

锶元素在自然界以化合态广泛存在于土壤、海水中。锶也是人体必需的微量元素，能够防止动脉硬化，预防血栓形成。

◀ 锶燃烧时产生红色火焰。

▲ 锶磷灰石中含有 5% 的锶元素。

▼ 锶的化学性质很活泼，常温下会和空气发生反应。图中的锶表面抹了一层油，来防止它跟空气接触。

▲ 天青石是自然界中最主要的含锶矿物，颜色有无色透明、蓝、浅蓝灰色、绿、黄绿、橙色等。

▲ 碳酸锶矿也称菱锶矿，这种矿物中锶的含量很高。碳酸锶矿的晶体为针状，晶体集合体多为粒状、柱状、放射性针状。

锶的应用

锶可用于制造合金，可参与光电管、照明灯的制造，它的化合物可用于制造烟火、化学试剂、信号弹等。

▲ 加入了锶的烟火，火焰呈红色。

▲ 氯化锶可用于制造烟火、火箭燃料，还可用于医药工业。

锶的发现

1790 年，爱丁堡的医生阿代尔克·劳福德在苏格兰一个海岸上的铅矿中发现了一种新的矿物。不久之后，他发现这种矿物中有一种新的元素。1793，爱丁堡大学的化学教授托马斯·查尔斯·霍普证实了这个新元素的存在，并发现它可以使蜡烛的火光变红。1808 年，英国化学家汉弗莱·戴维才将锶提炼出来。

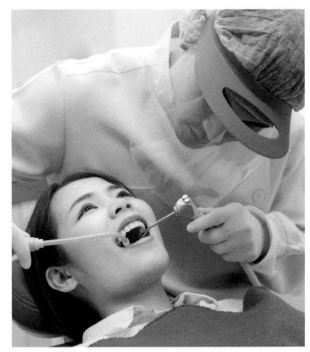

▲ 锶或者氯化锶可用于修补牙齿。

▶ 铬酸锶加入油漆中，能起到防腐的作用，可以应用到飞机机壳和船舶船体上。铬酸锶还可用于制作防锈颜料。

▼ 锶的水合物可用于生产润滑膏和肥皂。

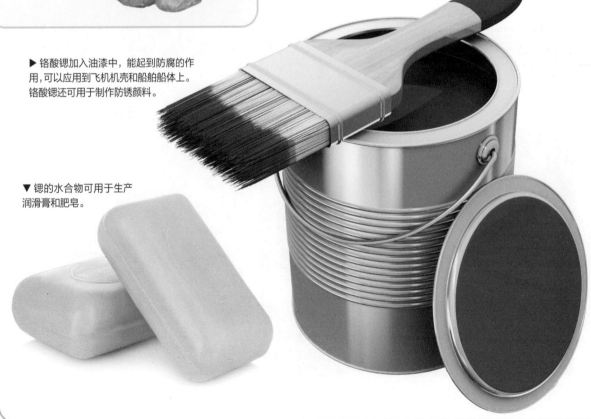

▼ 铁酸锶化学性能稳定，热阻性、电阻性良好，可用于直流电机的生产中。

▲ 扬声器中的磁体里含有锶。

▲ 锶独特的物理、化学性能，以及很强的吸收 X 射线辐射的功能，使得它被广泛应用于化工、军工、轻工、电子、冶金、光学、医药等各个领域，也因此锶矿资源成为了一种重要的战略性矿产资源。图中为西班牙南部的一处锶矿。

富含锶的食物

锶是人体必需的微量元素，对于维持人体正常生理功能有着重要的作用。人体缺锶会引起龋齿、骨质疏松等。成年人每天需要摄入 2 毫克锶。食品锶的含量与种植环境中水、土壤的含锶量有关。黄豆的锶含量较高，1 克黄豆中约含有 3.7 微克锶，大米、小麦、山楂、紫菜、海参、莴苣、黑枣、黑芝麻等食物中也含锶。

▲ 硫化锶可作为一些荧光颜料中的活性配料。

▶ 黄豆

◀ 山楂

▲ 莴苣

▲ 氢氧化锶可用作吸附剂及塑料胶。

▲ 一些缓解牙痛的抗敏牙膏中加入了锶的化合物。

▶ 海上的导航浮标上的灯可用放射性锶提供电力。

▲ 陶瓷涂了釉之后表面非常光滑，是因为涂料中含有氧化锶。

◀ 含锶的矿物可作为制造电视机显像管玻璃的材料之一。

知识链接

放射性锶可溶于水，人体将其吸入后，可能会诱发癌症和白血病。

56
Ba 钡（bèi）

钡是一种有银白色光泽的金属，质软，它是碱土金属中最活泼的一种。钡元素在地壳中的含量为 0.022%。

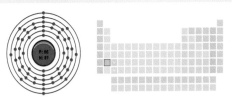

电子数：56　质子数：56　中子数：81

钡的化学性质十分活泼，自然界中尚未发现过钡单质。金属钡可由电解熔融的氯化钡制得，也可用铝还原氯化钡来制取金属钡。

▶ 钡的熔点为 725℃，沸点为 1600℃，密度为 3.51 克/立方厘米。图中的金属钡上抹了一层薄薄的油，防止它与空气接触。

▲ 含钡的溶液的燃烧现象。

◀ 重晶石是最常见的含钡的矿物，主要成分为硫酸钡。

▲ 沙漠里的沙土中如果混有一部分重晶石，就可能形成外形似花瓣的石头，这种石头被称为"沙漠玫瑰"。

▲ 毒重石的主要成分为碳酸钡。毒重石是自然界里除重晶石以外，另一种主要的含钡的矿物。

钡的应用

钡可用于制造各种合金，可作为精炼铜时的除氧剂以及制造真空管和显像管时的消气剂，还可用于核反应堆的建设。

▲ 钡的化合物可用于制造发出绿色火焰的烟火。

◀一些可溶性的钡化合物可用于制作杀虫剂，防治植物害虫，例如氯化钡。

▲ 火花塞的插头中加入了钡镍合金。

知识链接

钡不是人体的必需元素，而是有毒元素，误食可溶性钡化合物会引起中毒反应。这类可溶性钡化合物包括氯化钡、硫化钡、碳酸钡、硝酸钡、醋酸钡、氧化钡、氢氧化钡等。

钡的发现

1774 年，瑞典化学家舍勒发现重晶石中有一种新的元素，并分离出该元素的氧化物。1808 年，英国化学家戴维将重晶石电解、蒸馏后，得到了金属钡。

▲ 瑞典化学家舍勒

▲ 重晶石

钡餐

医院在检查病人的消化系统时，会给病人服下硫酸钡溶液，让溶液充满消化器官，这样在 X 射线的照射下，消化道的影像会很清晰。

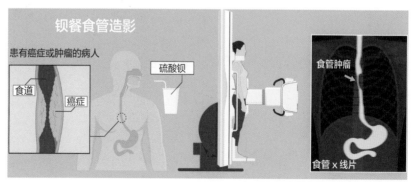

钡餐食管造影

患有癌症或肿瘤的病人

食道 癌症

硫酸钡

食管肿瘤

食管 x 线片

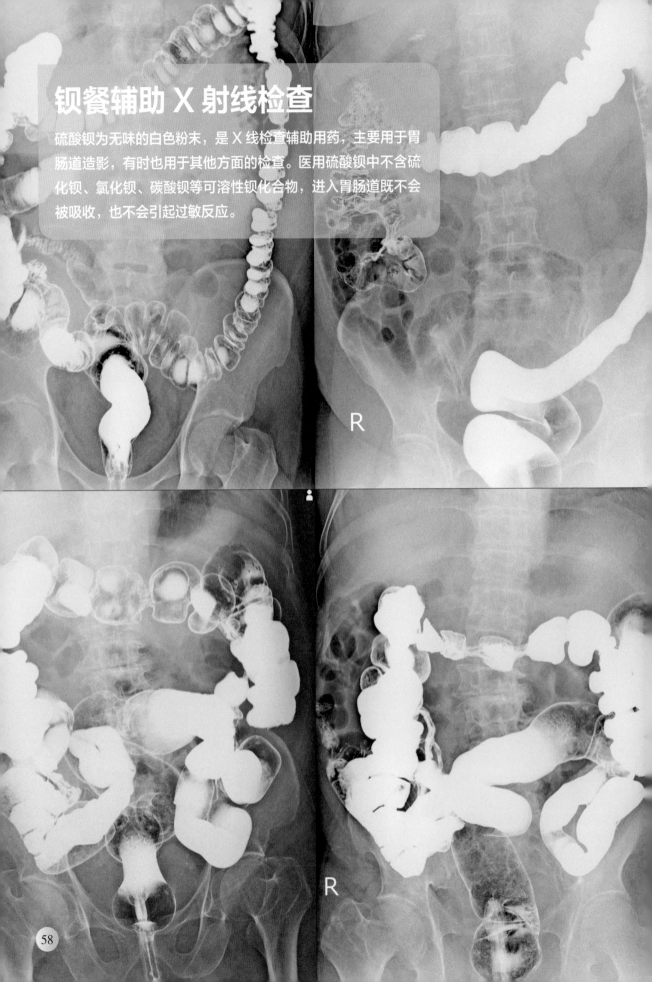

钡餐辅助 X 射线检查

硫酸钡为无味的白色粉末，是 X 线检查辅助用药，主要用于胃肠道造影，有时也用于其他方面的检查。医用硫酸钡中不含硫化钡、氯化钡、碳酸钡等可溶性钡化合物，进入胃肠道既不会被吸收，也不会引起过敏反应。

R

R

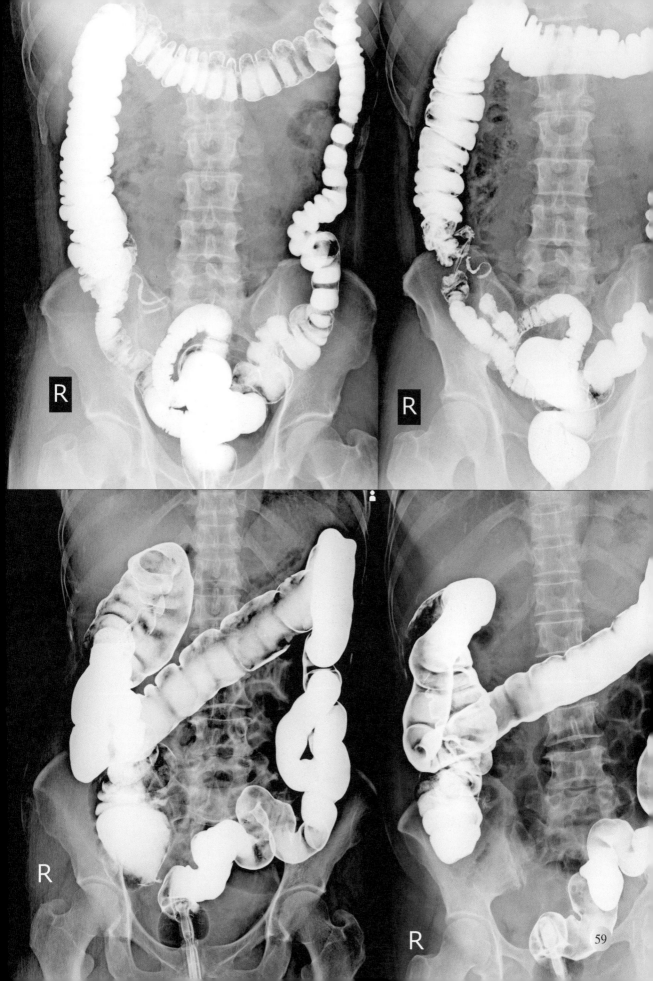

88
Ra 镭（léi）

镭具有很强的放射性，它的所有同位素都有很强的放射性。镭的同位素中最稳定的是镭 –226，半衰期大约是 1600 年，会衰变为氡 –222。

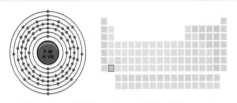

电子数：88　质子数：88　中子数：138

认识镭

现已发现质量数为 206~230 的镭的全部同位素，其中只有镭 –223、镭 –224、镭 –226、镭 –228 是天然放射性同位素，其余的都是人工合成的。镭存在于各类铀矿中。

▶ 每 1 吨晶质铀矿中，大约只含有 0.7 克的镭。

▲ 表盘上涂抹了含镭涂料，使得指针能在黑暗中发光。

◀ 镭在衰变时产生的电离辐射，能使荧光物质发光。图中镭的化合物发出绿光。

▶ 沥青铀矿

知识链接

较纯的镭几乎没有颜色，但是镭在空气中会与氮气发生反应生成黑色的氮化镭（Ra_3N_2）；地壳中镭的含量为 $1×10^{-9}$%。

60

镭的应用

镭能放射出穿透力很强的 α 射线和 γ 射线，可用于医学领域，也可用于勘探岩石、石油资源。镭盐与铍粉制成的混合制剂能作为中子放射源。

镭的发现

1898 年 12 月，玛丽·居里和皮埃尔·居里从沥青铀矿矿渣中分离出了氯化镭。1902 年，他们从一吨矿石残渣中得到了 0.1 克镭盐，测出镭的原子量为 226。1903 年，居里夫妇因发现镭而获得了诺贝尔物理学奖。

▲ 镭是制造原子弹的材料之一。

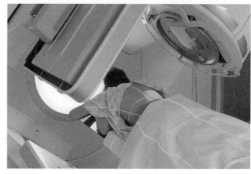

▲ 镭放出的射线进入人体后，能干扰细胞活动，从而导致细胞死亡，临床上用镭治疗宫颈癌等恶性肿瘤。

▲ 镭同位素可用于在古河道中寻找铀。

▲ 一些老式的荧光涂料中，也有少量的镭。

镭温泉

镭在一些水域中含量较高，镭温泉就是一类含镭量较高的温泉。镭温泉中含有镭、钙、钠等元素的离子，人们认为它有特殊的医疗保健作用。图中为加拿大不列颠哥伦比亚省的镭温泉。

过渡金属元素

过渡金属元素指的是元素周期表中 d 区与 ds 区（d 区指第 ⅢB~ ⅦB、Ⅷ族的元素，不包括镧系和锕系元素，ds 区指ⅠB~ ⅡB 族的元素）的一系列金属元素，又称过渡金属。过渡金属中，既包含金、铜、铁等常见的元素，也有许多人工合成的元素。

²¹Sc 钪（kàng）

钪的单质是一种柔软的银白色金属，钪常跟钇、铒等元素混合存在，但钪的量很少。钪的化学性质也很活泼，与热水反应会生成氢气。

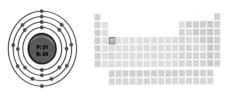

电子数：21　质子数：21　中子数：24

◀地壳中钪的含量约为0.0005%。

金属钪一般都会被密封在瓶子里，并充入氩气加以保护，否则钪表面会很快形成一层暗黄色或者灰色的氧化层，而失去表面的金属光泽。

▲钪的单质为银白色的固体。

钪的应用

钪被发现的时间并不长，而且直到20世纪后期，随着材料科学的发展才找到了它的用途。如今，钪成了材料科学中的重要元素，在许多体系中发挥着自己的用途。

▲钪可以用在金属－绝缘体－半导体硅光电池和太阳能电池中，采集阳光进行发电。

▲氧化锆陶瓷材料掺入6~10%的氧化钪，会使性能更加稳定。

▲ 在高温反应堆核燃料中加入少量氧化钪，可避免反应堆中的二氧化铀发生晶格转变、出现裂纹。

▲ 在镍碱电池中加入适量的钪，能够增加其使用寿命。

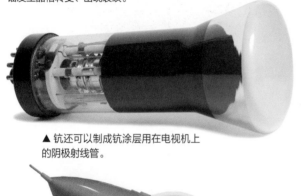

▲ 钪还可以制成钪涂层用在电视机上的阴极射线管。

▲ 制造特种玻璃、轻质耐高温合金是钪常见的用途。

◀部分高速飞机、战斗机的机身材料是钪合金。

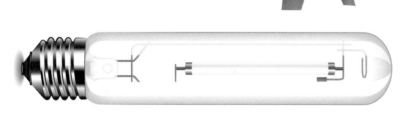

▲ 钪钠型金属卤化物灯具有发光效率高、寿命长、显色性能好等优点，广泛应用于大型商场、体育场馆、展览中心、街道广场、车站、码头、工业厂房等场所的室内照明。

知识链接

对玉米、小麦、向日葵、甜菜、豌豆等作物的种子进行硫酸钪处理，能促进其发芽。

22 Ti 钛（tài）

钛是一种银白色的过渡金属，有金属光泽，具有重量轻、强度高的特点。钛在含水量高于 0.5% 的时候能够耐氯气腐蚀，保持稳定，在干氯气中会发生剧烈的化学反应。

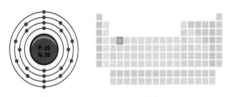

电子数：22 质子数：22 中子数：26

认识钛

钛在自然界所有元素中含量居第十位。虽然含量丰富，但钛的分布很分散，难以提取。

▲钛的熔点为 1660±10℃，沸点为 3287℃，具有延展性。

▲钛广泛分布于地壳及岩石圈之中，也存在于几乎所有水体、土壤、岩石、生物中。

◀钛白粉的主要成分为二氧化钛，是一种重要的无机化工颜料。

◀板钛矿是一种含有氧化钛的晶体，晶体呈板状、叶片状。

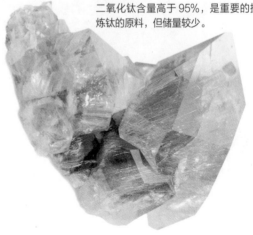

▼金红石是一种较纯的二氧化钛矿石，二氧化钛含量高于 95%，是重要的提炼钛的原料，但储量较少。

◀钛在常温的海水中不易腐蚀，即使在海水中放置几十年，也不容易生锈。

▼钙钛矿是由碳酸钙构成的灰色立方体晶体。

◀钛铁矿又叫钛磁铁矿，是铁和钛的氧化物矿物，呈灰黑色，有略微的金属光泽，是主要的提炼钛的矿石。

钛的应用

钛的化学性质稳定，具有强度高、密度低、耐高温、耐低温、抗强酸、抗强碱等优良性能，广泛应用于航天、军事、农业、医学等领域。

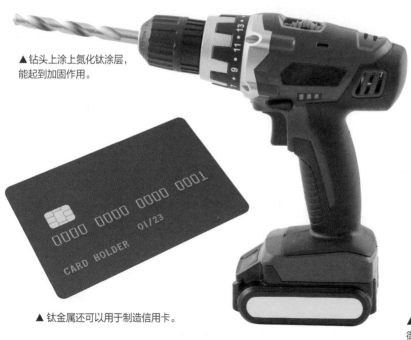

▲钻头上涂上氮化钛涂层，能起到加固作用。

▲钛金属还可以用于制造信用卡。

▲氧化钛对阳光中的紫外线有一定的防御作用，可以加到防晒霜中用于保护皮肤。

▲ 这款赛车中的发动机和排气系统是钛合金材质的。

▲ 二氧化钛可用于制造白色的颜料。

▲ 钛合金可以制作手表外壳。

◀ 钛板能够用于防弹服中，对人体起到保护作用。

◀ 钛合金锅具有安全、健康、无毒的优点，不会析出重金属，长期使用对身体健康也没有任何影响。

▼ 钛材质非常结实，有很强的抗压性能，可以用它来制造潜艇，钛制的潜艇能够在深度达到 4500 米的深海中航行。

▲ 五彩斑斓的氧化钛饰品。

▲ 钛合金可制成螺栓及各种零件。

▲ 夹头发用的直板夹上，可以安装钛板用于给头发定型。

▲ 钛合金可以作为轮滑鞋的滑轮框架。

▲ 钛杯不仅轻便、强度高、隔热，在光照下还有抑菌功能，且不与茶、牛奶以及各种饮料发生反应。

▲ 钛合金制造的人造关节，可以代替人体中损坏的骨关节。

知识链接

已知的钛的 13 种同位素包括钛 -41 至钛 -53，其中钛 -46、钛 -47、钛 -48、钛 -49、钛 -50 这五种同位素是稳定的，其余的有放射性。

23
V 钒（fán）

钒在各个地区都有分布，地壳中钒的含量也并不少，但由于钒的分布比较分散，所以几乎没有含钒量较多的矿床。

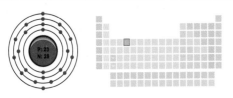

电子数：23　质子数：23　中子数：28

钒的熔点为 1890±10℃，沸点为 3380℃，它属于高熔点的稀有金属。钒在空气中不会被氧化，金属钒可溶于氢氟酸、硝酸和王水中。

▲ 钒是一种银灰色的金属，质坚硬，延展性好，无磁性。但如果钒金属中夹杂有少量的杂质，它的可塑性会明显降低。

▲ 钒在地球上分布较为广泛，在海水中以及海胆等海洋生物体内，磁铁矿、沥青矿物、煤灰中，以及降落的陨石中，都有钒的存在。

◀毒蝇鹅膏菌中钒的含量比较高。

▶ 钒在地壳中的含量为 0.02%。

▼ 钒铅矿是一种磷灰石族的矿物，是主要的含钒矿物之一，多用于提炼金属钒。钒铅矿的矿石多为鲜红色或橘红色，也有红棕色、棕色、黄色、灰色等颜色。

▼ 磷块岩中也含有少量的钒。

▼ 粉砂岩是一种碎屑沉积岩，其中存在少量的钒。

钒的应用

在钢中加入一定比例的钒，就能增强钢的弹性、强度、耐磨性以及抗爆裂性，钒钢在汽车、铁路、航空、电子技术、国防工业等领域应用广泛。大约85%的钒都被用于制作钒钢。钒的氧化物也是重要的化学催化剂。

▲ 图中为铬钒钢合金制造的螺丝刀。

钒在人体中的作用

钒能够帮助人体防止胆固醇蓄积、防止龋齿、降低血糖、协助制造红血球等。钒不易在人体内蓄积，因而由钒引起的食物中毒并不常见，但每天摄入10毫克以上的钒或每克食物中钒的含量达到10~20微克，就可能发生中毒。

◀ 扳手中加入了钒钢，更加结实耐用。

▲ 这把钢刀中加入了钒，刀身会更加坚硬。

24 Cr 铬（gè）

1797 年，法国化学家沃克兰在矿石中发现了铬。铬元素的名称源自希腊文，意思为"颜色"，这是因为铬的化合物都有颜色。

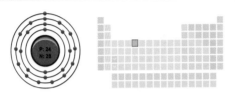

电子数：24 质子数：24 中子数：28

自然界中的铬主要以铬铁矿的形式存在。铬的制取主要是由氧化铬还原得到，和电解铬氨矾或铬酸制得。

▶单质铬为钢灰色金属，铬是自然界中硬度最大的金属。

◀铬在地壳中的含量居第 17 位，占比为 0.01%。

▶含铬比较丰富的食物主要为一些粗粮，如小麦、花生、蘑菇等，胡椒、红糖、鸡蛋、牛肉、动物肝脏、乳制品等食物的铬元素含量也比较高。

铬的应用

铬可用于制造汽车零件、各种工具、磁带、录像带等，也可以镀在金属上用于防锈。

▲氧化铬可用于制作颜料。

▲一些磁带的带基上涂有二氧化铬粉末。

缺铬易导致近视

由于铬主要存在于粗粮、蔬菜、水果等食物中，有些孩子的营养搭配不均衡，长期吃一些精细食物，而导致身体缺铬，眼睛晶体的渗透压发生变化，晶状体变凸，造成近视。

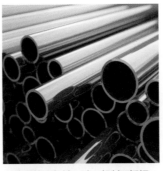

▲ 金属铬可与铁、碳一起制不锈钢。

▼ 铬作为椅子的支架。

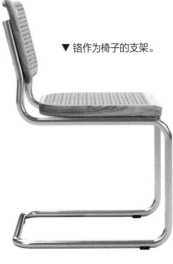

◀ 人造铬铅矿曾被用于制作染料，称为铬黄，但后来这种染料被发现有毒性而被禁止使用了。

▼ 制作这些厨具的材料中加入了铬，使得这些厨具具有抗腐蚀的性能。

▲ 这些宝石晶体中因含有微量的氧化铬而呈红色。

◀ 摩托车表层镀铬可防止其生锈。

知识链接

人体内铬的含量约为 7 毫克，主要分布于皮肤、肌肉、肾上腺、骨骼、大脑中。

25
Mn 锰（měng）

早在石器时代，人们就已经开始使用锰了。17000 年前，锰的氧化物就被人们当作颜料用在洞穴的壁画上。古希腊斯巴达人使用锰制造武器。

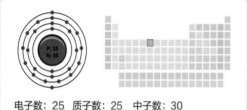

电子数：25　质子数：25　中子数：30

18 世纪后期，瑞典化学家柏格曼认为软锰矿是一种新金属氧化物，并试着将这种金属分离出来，但没有成功。1774 年，甘恩加热软锰矿粉和木炭得到了金属锰块。

▲ 锰是一种灰白色的金属，质硬脆，有光泽。纯净的金属锰比铁软一些，含有杂质的锰变得坚而脆，在潮湿的环境中会氧化。

▼ 硫锰矿是炼锰的矿物原料之一，颜色为钢灰至铁黑色。

▲ 硬锰矿是炼锰的重要矿物原料，锰的含量为45%~60%。

▼ 锰在自然界的分布较为广泛，土壤中就含有 0.25% 的锰。

◀ 水锰矿是锰的氢氧化物矿物，碱性，可以用来炼锰。水锰矿的颜色为暗灰色到黑色。

▲ 含锰较多的食物有坚果、粗粮、茶叶等，蔬菜水果中的锰含量比肉、乳和水产品略高一些，鱼肝、鸡肝中锰的含量也较它们的肉多。

◀ 二氧化锰是一种黑色无定形粉末或黑色斜方晶体，在自然界中多以软锰矿的形式存在，难溶于水、弱酸、弱碱、硝酸、冷硫酸。

◀菱锰矿是锰的碳酸盐矿物，矿石通常呈粒状、块状或肾状，颜色为红色，氧化后呈褐黑色。外形美观的菱锰矿可作宝石。

▲软锰矿是一种常见的锰矿物，主要成分为二氧化锰，含锰量为63.19%。软锰矿质软，颜色为浅灰到黑色，有金属光泽。

◀锰结核又叫作锰矿团、锰矿球、锰瘤、多金属结核等。锰结核是一种铁、锰氧化物的集合体，形态多样，有椭圆状、球状、葡萄状、马铃薯状、扁平状、炉渣状等，一般呈黑色和褐黑色。

锰的应用

锰可在钢铁工业中用于钢的脱硫和脱氧，也可作为合金的添加料，提高钢的性能。锰还用于医药、化工、食品、有色金属、分析和科研等方面。

▲ 用加了锰的钢材制造的铁轨，更加结实稳固。

锰对植物的作用

植物体内的锰有促进植物光合作用、加快氮素代谢、促进种子萌发等作用。作物缺锰时，植物叶片有杂色斑点出现，失去绿色，叶片皱缩、卷曲，根茎细弱，植株低矮。当植物的锰含量超标时，可能会发生毒害现象，叶片不会失去绿色，但在叶边缘会出现许多棕褐色的斑点。

▲ 缺锰的小麦

▶ 无铅汽油中加入了锰，相较于有铅汽油毒性减少了很多。

◀ 锰钢制作的挖土机的铲斗，结实耐磨。

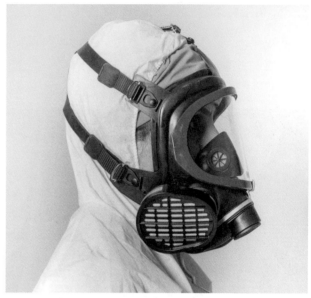

▲ 第二次世界大战期间，美国用于制作硬币的镍金属短缺，便用了锰和银制造硬币。

▲ 二氧化锰可用于防毒面具的制作。

▲ 锰及其化合物在现代工业中有着广泛的应用，遍及国民经济的各个领域。90%~95% 的锰用在了钢铁工业中；10%~5% 的锰用在了其他工业领域，如国防工业、电子工业、轻工业、化学工业、建材工业、环境保护和农牧业等等。图中是乌克兰一处正在进行挖掘作业的锰矿。

▲ 在钢中加入 2.5~3.5% 的锰，制得的低锰钢非常脆，像玻璃一样，不耐打击。但如果锰的含量超过了 13%，制成的高锰钢就变得坚硬又有韧性。

▲ 二氧化锰可用于橡胶工业中，用以增加橡胶的黏性。

▼ 二氧化锰可用在干电池中，作为干电池的去极化剂。

▼ 锰锌铁氧体磁芯可以制成各种电感器件、线圈、变压器、扼流圈等，在家电产品、计算机产品、通信设备以及工业自动化设备等方面有着广泛的应用。

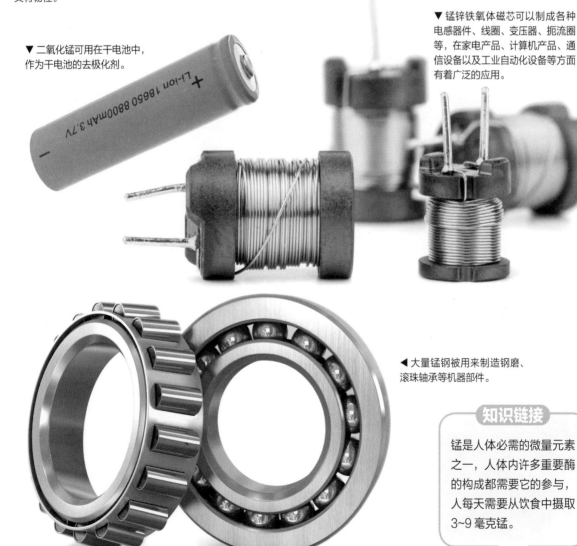

◀ 大量锰钢被用来制造钢磨、滚珠轴承等机器部件。

知识链接

锰是人体必需的微量元素之一，人体内许多重要酶的构成都需要它的参与，人每天需要从饮食中摄取 3~9 毫克锰。

26
Fe 铁（tiě）

纯铁是白色或者银白色的金属，柔韧，延展性较好，有金属光泽。

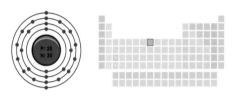

电子数：26 质子数：26 中子数：30

虽然纯净的生铁是银白色的，但由于铁表面常常覆盖着一层黑色的氧化膜（主要成分为四氧化三铁），因而铁被称为"黑色金属"。

▲ 铁的熔点为1538℃，沸点为2750℃，能溶于强酸和中强酸，不溶于水。

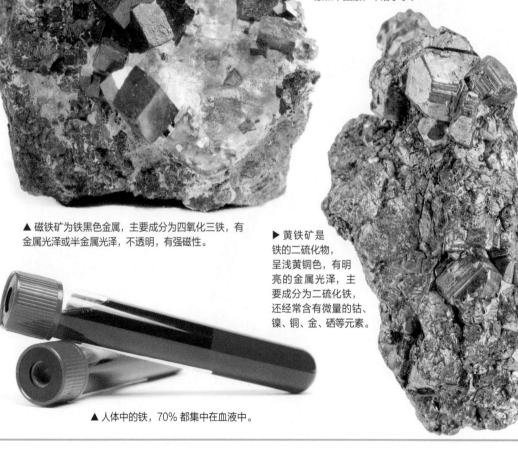

▲ 磁铁矿为铁黑色金属，主要成分为四氧化三铁，有金属光泽或半金属光泽，不透明，有强磁性。

▶ 黄铁矿是铁的二硫化物，呈浅黄铜色，有明亮的金属光泽，主要成分为二硫化铁，还经常含有微量的钴、镍、铜、金、硒等元素。

▲ 人体中的铁，70% 都集中在血液中。

◀铁在地壳中的含量居第四位，仅次于氧、硅、铝，占地壳含量的 4.75%。

▼陨石中的含铁量很高，铁陨石的含铁量能达到 90.85%。

▶赤铁矿是氧化铁的主要矿物形式，为主要的炼铁矿物。

▲菱铁矿分布广泛，主要成分为碳酸亚铁。菱铁矿中含的杂质较少时可以用来提炼铁。

▼褐铁矿的主要成分为针铁矿等铁的氢氧化物，它不是一种单独的矿物，还包含二氧化硅和泥质等，含铁量为 30%~40%。褐铁矿呈黄褐色或深褐色，光泽暗淡。

▲贝类、动物肝脏、红肉、红枣、菠菜等食物中铁的含量较高。

铁的应用

铁在工业、电子、医药等领域都有重要的作用,可用于制药、冶金、催化剂、机械零部件等许多方面。

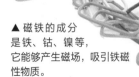

▲ 磁铁的成分是铁、钴、镍等,它能够产生磁场,吸引铁磁性物质。

▶ 亚硫酸铁可作为抗氧化剂用于食品包装中,起到防腐保鲜的作用。还可作为抗酸保色剂,使蔬菜不因有机酸而变色。

▲ 鞣酸铁墨水又称蓝黑墨水,是由硫酸亚铁加单宁萃取的水溶液(含单宁酸和没食子酸)配制而成的。

▼ 氧化铁无毒、防水,可作为睫毛膏、粉底、眼影等化妆品的添加剂。

▲ 铁可用于制作发电机和电动机的铁芯。

▲ 含氧化铁的天然矿物可用于制备无机彩色颜料，主要有红色、黄色、黑色等颜色。

▲ 硫酸亚铁可以用于污水处理，防止水体的富营养化，除去水中的磷酸盐等。

▲ 氧化铁可用于各类药片、药丸的外衣、糖衣着色。

▲ 硫酸亚铁还可用作农药，可用于防治小麦黑穗病、果树的腐烂病等。

◀ 氧化铁颜料可以做建筑材料的着色剂，用于彩砖、彩瓦、水磨石等。

▶ 铁可以做磨料用于磨削较软的材料表面。

▼ 铁可用于铸造锅具，烹饪食物。

知识链接

铁元素在人体中发挥着重要的作用，+2 价的亚铁离子用于血液中氧气的运输，是血红蛋白的重要组成成分。

27 Co 钴（gǔ）

钴有铁磁性，加热到1150℃时，钴的磁性会消失。钴在常温下不和水发生反应，在潮湿的空气中性质稳定。

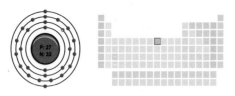

电子数：27　质子数：27　中子数：32

温度超过300℃时，钴会在空气中生成氧化钴。氢还原法制成的细金属钴粉，能够在空气中自燃生成氧化钴。

◀钴为银白色或钢灰色的金属，硬而脆。

▶斜方砷钴矿颜色为锡白至铅灰色，不透明，有金属光泽。

▲方钴矿常常含有少量的铁和镍，锡白色，有金属光泽。

▶辉砷钴矿又叫辉钴矿，晶体呈立方体、八面体、五角十二面体。

钴的应用

钴自身的性质决定了它是生产硬质合金、防腐合金、耐热合金、磁性合金以及各种钴盐的重要原料。

▲ 钴是合成硬质合金的重要原料，其铸成的硬质合金硬度很高，可用于切削刀具、钻头等。

▲ 稀土钴永磁体是一类性能优异的永磁体。

◀ 现在生产的锂充电电池大多需要用钴做原料。钴酸锂可作电极的正极材料。

▶ 在 500 多年前中国生产景泰蓝瓷器时就用到了蓝色的钴颜料。

▼ 青霉素中也可以加入适量的钴，提高其治疗效果。

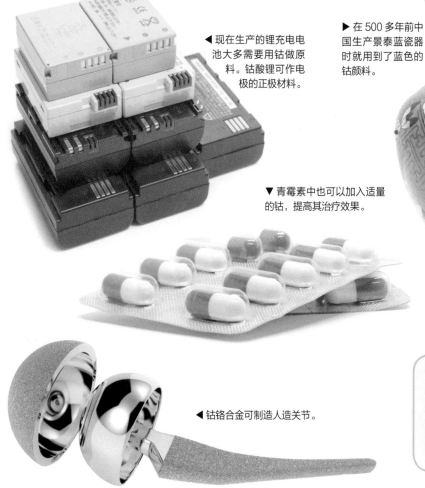

◀ 钴铬合金可制造人造关节。

知识链接

反刍动物体内缺钴会造成贫血、消化能力下降，因此动物饲料中也常常添加微量的钴元素。

28 Ni 镍（niè）

镍是一种银白色金属，有铁磁性，硬而有延展性，抗腐蚀，可以高度磨光。

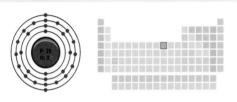

电子数：28　质子数：28　中子数：30

镍在室温时难以在空气中氧化。细镍丝可燃，在加热时可以跟卤素反应，能够在稀酸中缓慢溶解。

▲ 在常温下，镍在潮湿的空气中表面会形成致密的氧化膜，防止内部金属继续氧化。

▼ 镍黄铁矿是一种镍和铁的硫化物矿物，矿石中经常含有钴元素。

▲ 针镍矿是镍的硫化物矿物，主要成分为硫化镍，浅黄铜色，有金属光泽。

▼ 地球的核心部分地核主要是由铁、镍元素组成的。

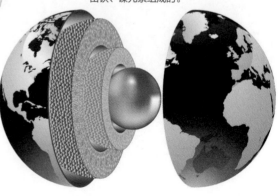

▲ 暗镍蛇纹石又称硅镁镍矿，外形呈皮壳状、土状或钟乳状，颜色多为草绿色，光泽暗淡。

▲ 陨石是从外太空落入地球地面的陨星残体，陨石的主要成分是铁、镍、硅酸盐等矿物质，有的还含有氨、核酸、脂肪酸、氨基酸、色素等。图中是来自非洲纳米比亚的一块高密度金属陨石，含有铁、镍、钴等元素，陨石的表面经过抛光，露出金属色泽。

镍的应用

镍具有良好的抗腐蚀性，因而常被用于电镀。镍还可用于制作镍镉电池、合金、催化剂等。

▲ 镍可以电镀在其他金属上，防止其生锈。

▲ 美国发行的货币中含有金属镍。

电磁起重机

镍本身就有磁性，铝、钴与镍制成的合金磁性更强，能够在受到电磁铁吸引时，吊住比它重六十倍的东西。这种合金可用来制造电磁起重机。

▲ 镍可以制造镍铁素体和镍锌铁素等新型陶瓷，可用于做变压器的铁心和无线电的天线等。

▼ 镍有良好的抗腐蚀、耐高温、防锈等性能，非常适合用来制造不锈钢。全球大约 2/3 的初级镍矿都用在了不锈钢的生产工业中。

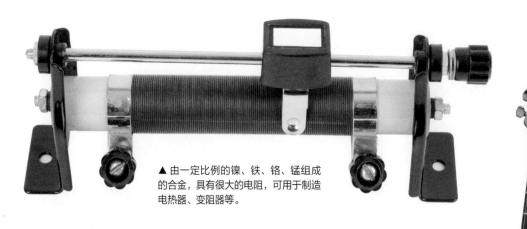

▲ 由一定比例的镍、铁、铬、锰组成的合金，具有很大的电阻，可用于制造电热器、变阻器等。

▲ 烤面包机里的电热丝是镍铬合金制成的，可以加热后烤面包。

▶ 吉他上镀镍的琴弦使吉他的音色清亮。

▼ 电熨斗、电炉的制造需要镍基合金的参与。

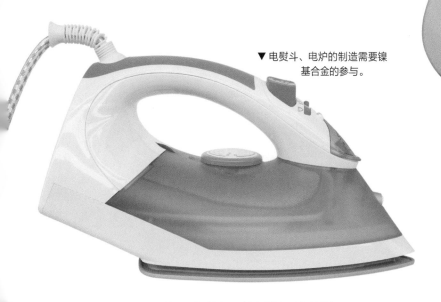

知识链接

镍是一种最常见的致敏性金属，约有五分之一的人对镍离子过敏。镍离子能够通过毛孔和皮脂腺渗透进人的皮肤里，引起皮肤过敏、发炎。

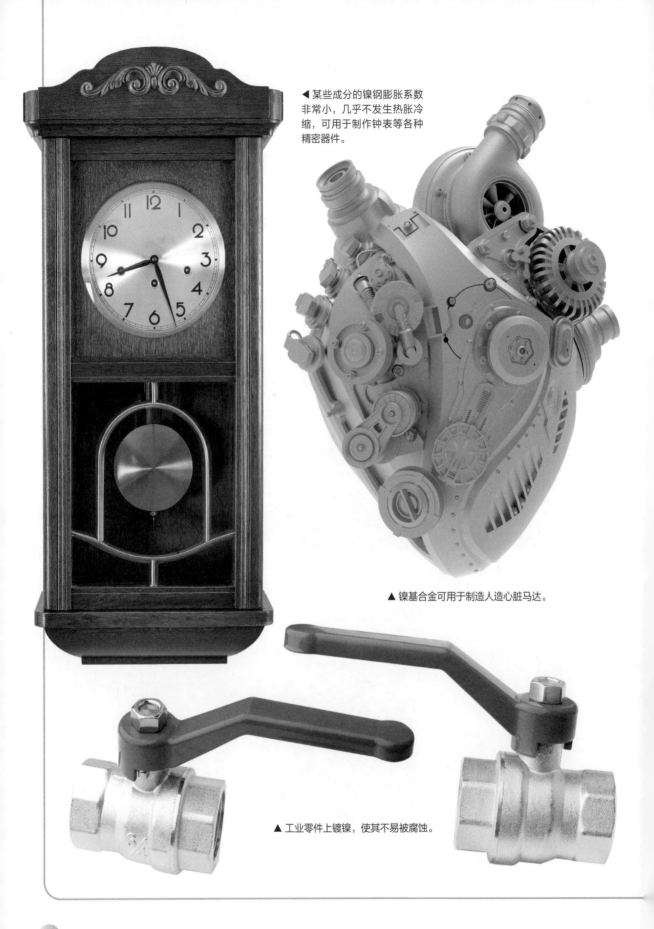

◀某些成分的镍钢膨胀系数非常小，几乎不发生热胀冷缩，可用于制作钟表等各种精密器件。

▲镍基合金可用于制造人造心脏马达。

▲工业零件上镀镍，使其不易被腐蚀。

▲ 轮船上的螺旋桨使用镀镍铜合金制成，坚固耐用。

▲ 家具上镀一层镍，能使其外形美观，不易生锈。

◀ 镍的合金可以做厨具、餐具。

◀ 镍镉电池是一种经济耐用的直流供电电池，可重复 500 次以上的充放电。

29 Cu 铜（tóng）

单质铜为紫红色金属，新鲜的切面为红橙色，具有良好的延展性，导电和导热性能好。自然界中的铜多以铜矿石的形式存在。

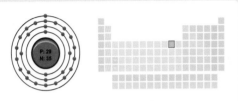

电子数：29 质子数：29 中子数：35

铜是人类最早使用的金属之一。人们从史前时代就已经开始采掘铜矿了，人们用获得的铜制造器皿、工具和武器，铜的使用对人类文明产生了深远的影响。

▼ 铜的熔点为1083.4℃，沸点为2567℃。

▼ 硫酸铜有无水硫酸铜和五水硫酸铜两种形式，无水硫酸铜为白色或灰白色粉末，五水硫酸铜为透明的深蓝色结晶或粉末。

▶ 地壳中铜的含量约为0.01%。在某些铜矿床中，铜的含量高达3%~5%。

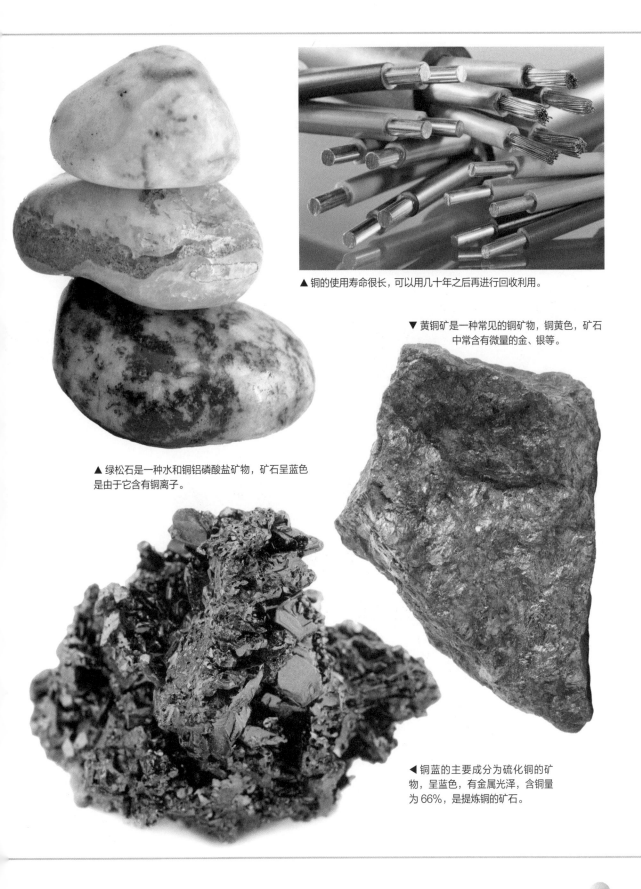

▲ 铜的使用寿命很长，可以用几十年之后再进行回收利用。

▼ 黄铜矿是一种常见的铜矿物，铜黄色，矿石中常含有微量的金、银等。

▲ 绿松石是一种水和铜铝磷酸盐矿物，矿石呈蓝色是由于它含有铜离子。

◀ 铜蓝的主要成分为硫化铜的矿物，呈蓝色，有金属光泽，含铜量为66%，是提炼铜的矿石。

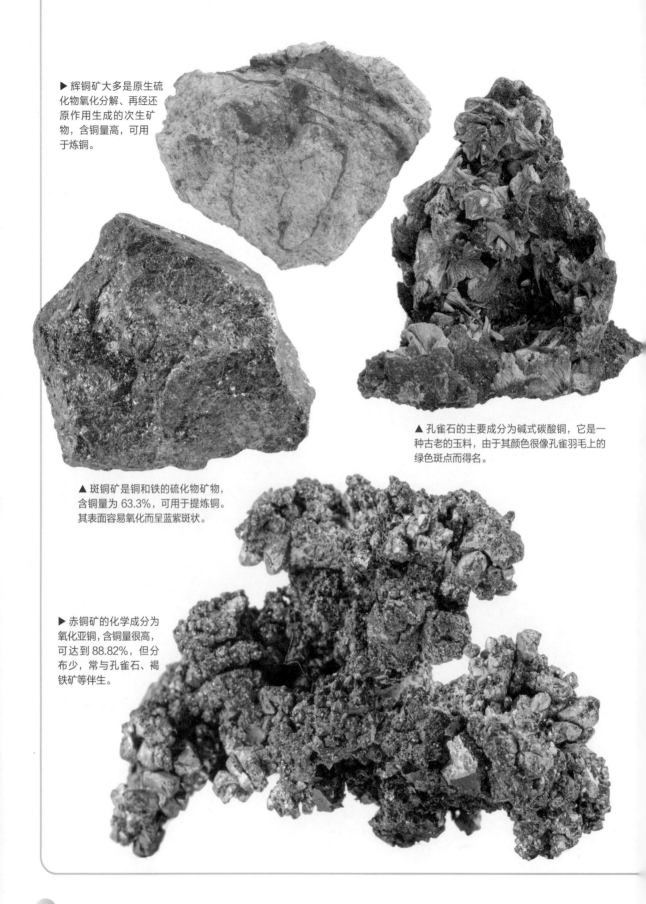

▶ 辉铜矿大多是原生硫化物氧化分解、再经还原作用生成的次生矿物，含铜量高，可用于炼铜。

▲ 孔雀石的主要成分为碱式碳酸铜，它是一种古老的玉料，由于其颜色很像孔雀羽毛上的绿色斑点而得名。

▲ 斑铜矿是铜和铁的硫化物矿物，含铜量为 63.3%，可用于提炼铜。其表面容易氧化而呈蓝紫斑状。

▶ 赤铜矿的化学成分为氧化亚铜，含铜量很高，可达到 88.82%，但分布少，常与孔雀石、褐铁矿等伴生。

铜的应用

铜是一种应用广泛的金属，在电气、轻工、建筑工业、机械制造、国防工业等领域都发挥着重要的作用。

◀铜线在电脑主板上发挥着重要的作用。

▲ 铜与锡、磷制成的合金磷青铜可用于制作弹簧。

◀铜与镍铸成的白铜合金不易生锈，有和银一样的色泽，可用于制造硬币、仪表、电器以及装饰品。

▼ 铜、锌、锡制成的合金能够抵抗海水侵蚀，可用于制作船舶的零件、平衡器等。

◀ 美国纽约的自由女神塑像表面的铜绿层能够保护铜不受风雨侵蚀。

▼ 黄铜（铜锌合金）可用于制作乐器。

▲ 化学生产中用到的蒸馏锅是用铜铸造的。

▲ 子弹、炮弹、枪炮零件等军事用品的制造都需要铜的参与。

知识链接

铜是人体必需的微量元素，可进入血液中，帮助铁质传递蛋白，在血红素形成过程中起到催化作用。

▲ 铜釉使花瓶呈现出金属光泽。

电线、电话线、母线、电缆、连接器、变压器绕组等各类用于电力输送的产品都需要铜的参与；定子、转子、轴头、中空导线等电机零件的制造也离不开铜。

▼ 铜的导电性仅次于银，但由于铜的储量大，提纯成本低，因而应用广泛，电线以及一些电子器件都是由铜制成的。铜丝被拧成紧密的一束，可以起到屏蔽层的作用，包裹粗铜芯，防止电流信号被周围其他电信号干扰。

30 Zn 锌（xīn）

锌是一种浅灰色的金属。自然界中锌多以硫化物的形式存在。锌也是一种人体必需的微量元素，对维持人体健康起着重要的作用。

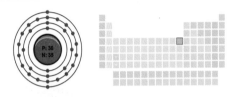

电子数：30　质子数：30　中子数：35

在常温下，锌可以在空气中生成一层致密的碱式碳酸锌膜，防止金属进一步氧化。锌很难在空气中燃烧，可在氧气中燃烧，发出强烈的白光。

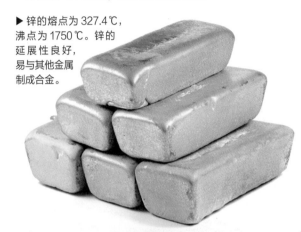

▶ 锌的熔点为 327.4℃，沸点为 1750℃。锌的延展性良好，易与其他金属制成合金。

▼ 闪锌矿是提炼锌的主要矿物之一。

▲ 菱锌矿是一种氧化锌矿物，常见的颜色有白、粉红、黄、蓝、绿、灰、褐等。矿石中的锌有时会被锰、铁等元素置换。

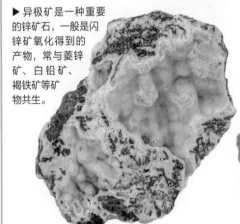

▶ 异极矿是一种重要的锌矿石，一般是闪锌矿氧化得到的产物，常与菱锌矿、白铅矿、褐铁矿等矿物共生。

▶ 红锌矿的成分为氧化锌，颜色为橙黄色，有暗红色光泽，是提炼锌的矿物原料之一。

锌的应用

锌主要用于钢铁、冶金、轻工、化工、电气、机械、军事、医药等领域。

▲ 锌的化合物可以做颜料，比如锌钡白、锌铬黄等。

▲ 在钢材铸成的大桥外部镀锌，可以防止桥体生锈。

◀ 锌可以用于制造锌锰电池以及锌空气蓄电池。

▲ 医用胶带的成分中含有氧化锌，能够防止伤口被感染。

▲ 橡胶中加入氧化锌可以变得更结实。

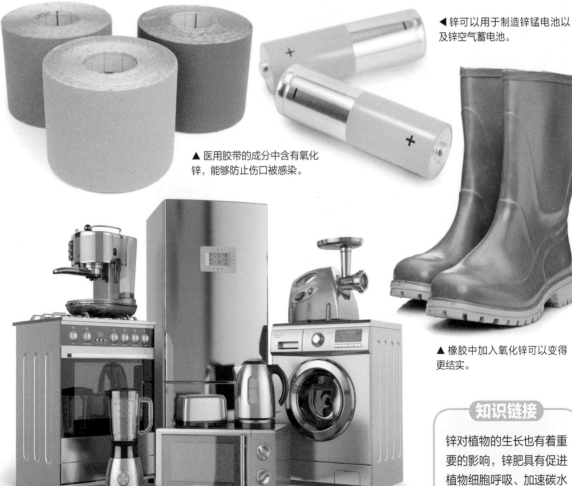

▲ 虽然锌的强度和硬度不高，但与铝、铜等金属铸成合金后，其强度和硬度会大大提高。锌合金主要为压铸件，可用于家用电器、玩具、建筑、汽车、电气设备等的零部件生产中。

知识链接

锌对植物的生长也有着重要的影响，锌肥具有促进植物细胞呼吸、加速碳水化合物的代谢等作用。

锌对人体的作用

锌具有维持人体正常食欲的功能，缺锌会导致人的味觉下降，出现厌食等反应。锌还可以增强人体免疫力，促进免疫细胞的发展。锌对人体生长发育、智力发育也有重要的影响。一定要保证营养充足、均衡，缺锌了要及时补充。

▲ 氧化锌是一种常用的物理防晒剂，可用于制作防晒霜。

▼ 吡啶硫酮锌具有较强的杀菌能力，能够杀死产生头皮屑的真菌，可作为去屑洗发产品的有效成分。

▲ 氧化锌软膏可用于治疗湿疹、痱子、急性皮炎、亚急性皮炎及轻度、小面积的皮肤溃疡。

▲ 炉甘石洗剂是由氧化锌、炉甘石、甘油、水组成的，具有消炎、止痒、保护皮肤的作用，可作为外用药、护肤品的成分。

39 Y 钇（yǐ）

钇是一种稀土元素。稀土元素指的是钪、钇以及镧系元素，它们的性质较为相似，在自然界中常共存于某些矿物中，其光泽介于银和铁之间，质地较软。

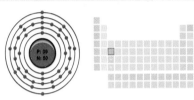

电子数：39　质子数：39　中子数：50

钇是第一个被发现的稀土金属元素，颜色为灰黑色，有延展性。

▲ 钇在自然界中只发现了钇-89一种同位素，它的另外已知的25种同位素都是人造的。

▲ 独居石因经常呈单晶体而得名，常含有少量的钇，其常见颜色有棕红色、黄色、褐黄色等，有油脂光泽。

◀ 甘蓝中含有钇元素。

▶ 硅铍钇矿中常含有其他稀土元素。硅铍钇矿呈黑色或绿黑色，有光泽。

◀ 钇在地壳中的含量约为 $2.8 \times 10^{-30}\%$，它是稀土元素中含量较为丰富的元素之一。

钇具有耐高温和耐腐蚀的性质，在工业中有着广泛的应用，可用于核燃料包装、激光材料、磁性材料、射线的滤波器、超导体、超合金及特种玻璃等。

▲ 钇用于电视屏幕中，可以使之产生红色的光彩。

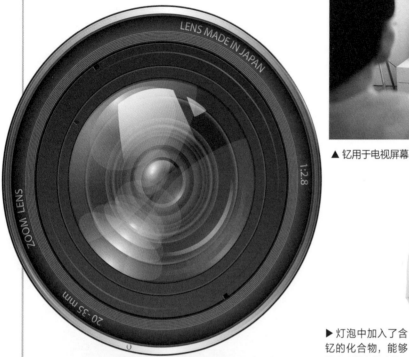

▲ 相机的防震镜头所用的含钇的玻璃非常坚固。

▶ 灯泡中加入了含钇的化合物，能够发出暖黄色的光线。

▲ 这种含有钇和硅的晶体，用于切割金属的激光器上。

知识链接

氧化钇可以用作催化剂，也可用于制作光学玻璃、陶瓷、高亮度荧光粉、耐火材料、高压水银灯、激光、储存元件等的磁泡材料等。

40 Zr 锆 （gào）

锆是一种高熔点的浅灰色金属，呈浅灰色。锆的表面易形成一层有光泽的氧化膜。

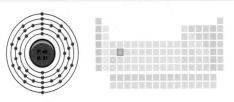

电子数: 40　质子数: 40　中子数: 51

认识锆

锆有耐腐蚀性，高温下可与许多非金属元素和金属元素反应。金属锆可溶于氢氟酸和王水。

▲ 锆的熔点为 1852±2.001℃，沸点为 4377℃，

锆的应用

锆多用于生产性能优良的合金，以及用作工业生产中的吸气剂。

▲ 二氧化锆晶体制成的首饰有钻石一样的光泽。

▼ 锆石是一种硅酸盐矿物，是提炼金属锆的主要矿石。

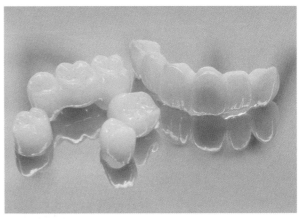

▲ 富含锆的陶瓷制成的牙冠坚固耐用。

41 Nb 铌（ní）

铌在地壳中的储量约为 520 万吨，占据 0.002% 的含量。

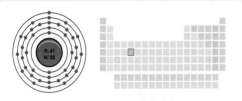

电子数：41　质子数：41　中子数：52

高纯度的铌金属有较高的延展性，加入杂质后会变硬。

▼ 铌是一种带光泽的灰色金属。

▲ 铌铁矿是铁、锰、铌的氧化物矿物，是提取铌的主要矿物原料。

铌的应用

铌是重要的超导材料，它还可用于制造高温合金以及医疗器械。

▼ 铌的化合物可用来制作薄而坚固的镜片。

▲ 心脏起搏器的电池装在铌盒里。

Mo 钼（mù）

钼是人体及动植物必需的一种微量元素，人体各组织都含有钼，肝、肾中含量最高。

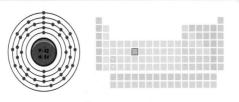

电子数：42　质子数：42　中子数：54

钼金属的熔点为 2620℃，钼在常温和高温下都有很高的强度。

▶钼为银白色的金属，导电、导热性能好，硬而坚韧。

▲辉钼矿有不同的类型，分别属于六方和三方晶系，含钼量较高，是提炼钼的最主要矿物原料。

钼及其合金在农业、化工、冶金、电气、环保、宇航等领域有着广泛的应用。

▶钼和铬制成的钢质轻且坚固，可以做自行车的支架。

43
Tc 锝（dé）

锝是首个用人工方法制得的元素，反应堆中铀裂变是锝产生的主要途径。锝为银白色金属，但通常会获得灰色粉末。金属锝在潮湿的空气中会慢慢失去光泽。锝可在氧气中燃烧，可溶于硝酸和硫酸。

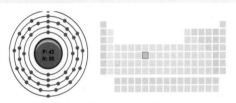

电子数：43　质子数：43　中子数：55

锝的应用

锝的同位素锝 −97 半衰期长达 260 万年，因此常被用于化学研究。过锝酸盐可以作为钢的缓蚀剂。锝还可以在冶金工业中用作示踪剂，用在低温化学及抗腐蚀产品中，也可以用于核燃料燃耗测定。

▲ 锝具有的放射性，可用于医学扫描成像。

▼ 锝用于放射性诊断生成的图像。

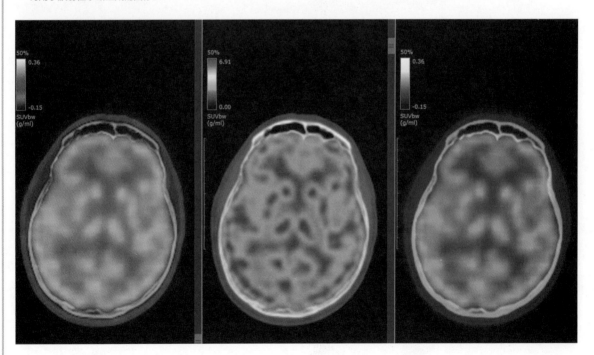

44
Ru 钌 （liǎo）

钌是一种稀有金属元素，呈浅灰色，硬而脆。金属钌的熔点为2310℃，沸点为3900℃。

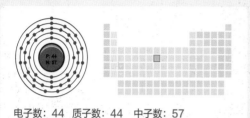

电子数：44　质子数：44　中子数：57

地壳中钌的含量只有十亿分之一，多伴生于铜镍硫化矿中。

▲ 金属钌的性质稳定，在常温下能耐盐酸、硫酸、硝酸甚至王水的腐蚀。

▶镍黄铁矿是提炼金属钌的主要矿物。

钌的应用

钌是工业生产必不可少的金属元素之一。

▲ 电路板元件中含有二氧化钌。

▲ 开关中加入了钌合金的部分非常坚固。

45 Rh 铑（lǎo）

金属铑不溶于多数酸，在硝酸中完全不溶解，稍溶于王水。铑盐的溶液呈淡红的玫瑰色。

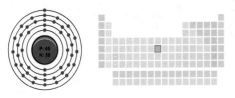

电子数：45　质子数：45　中子数：58

铑金属通常不会形成氧化物，铑在熔融状态下会吸收氧气，但会在凝固的过程中将其释放。

▲ 铑是一种银白色的坚硬的金属。

铑的应用

铑对可见光反射率高，抗氧化，耐腐蚀，熔点高，可用于汽车废气净化、合成塑料、农药、人造纤维等。

▲ 铑镀于金属表面，可以使其不易被磨损，保持光泽。

◀汽车前照灯反射镜上运用了铑合金，使灯光更加明亮。

46 Pd 钯 （bǎ）

钯是银白色的金属，质软，延展性好，可锻造、压延和拉丝。

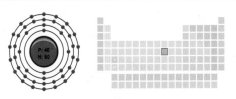

电子数：46　质子数：46　中子数：60

块状的金属钯可以吸收大量氢气，使体积胀大，最后变脆甚至破裂。

▶ 钯的化学性质不活泼，常温下化学性质稳定，温度达到 800 ℃时，钯表面才会形成氧化膜。

钯的应用

钯是航天、航空领域及汽车制造业等产业不可缺少的原料。

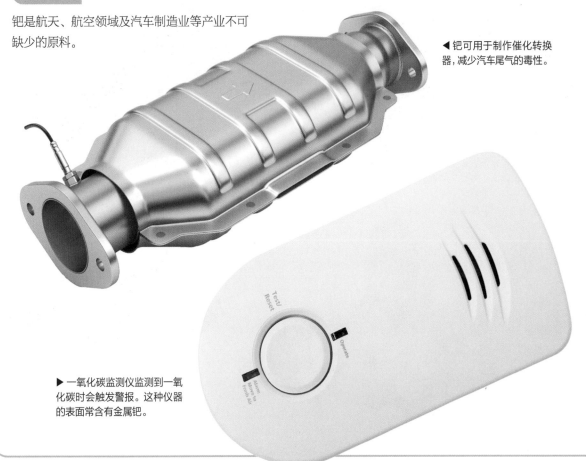

◀ 钯可用于制作催化转换器，减少汽车尾气的毒性。

▶ 一氧化碳监测仪监测到一氧化碳时会触发警报。这种仪器的表面常含有金属钯。

47
Ag 银（yín）

银质软，有延展性，物理、化学性质都很稳定，有良好的导电性和导热性，反光率非常高。

电子数：47　质子数：47　中子数：61

自然界中有单质银的存在，但大多数银还是以化合态的形式存在于银矿石中。

▲ 银不易与硫酸反应，硫酸可用于清洗银焊后留下的火痕。

◀ 辉银矿呈铅灰色，是由银的硫化物构成的，其中银的占比为87.1%。

◀ 脆银矿是天然的硫亚锑酸银，呈铁黑色，有金属光泽，质软而脆。

▲ 深红银矿又叫作硫锑银矿，呈黑红色，其中银的占比为59.76%。

银的应用

银可用来制作各种对灵敏度要求高的物理仪器元件、各种计算机、火箭、自动化装置、核装置以及通信系统，还广泛应用于电子行业。

▲ 银被挤压成薄薄的银箔，可以装饰食物以及食用。

▲ 银质餐具具有抗菌的效果。

▶ 银的色泽诱人，化学性质稳定，其工艺品有着较高的收藏和观赏价值。

◀ 玻璃中加入了氯化银，在阳光的照射下会变色。

▲ 银柔软、延展性好，可用于制硬币。

知识链接

银对人体没有毒性，但长期接触银或者无毒银化合物会引发银质沉着症，使身体色素改变，使得皮肤呈现灰蓝色。虽然没有毒性，但会影响人的外观。

▶ 银的色泽好，可以用来做首饰。

48 Cd 镉（gé）

镉是银白色的稀有金属，有延展性，有韧性。
镉的硫化物色彩鲜明，可以制作镉黄染料。

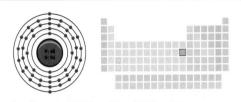

电子数：48　质子数：48　中子数：64

认识镉

镉在潮湿的空气中会缓慢氧化，失去金属光泽，加热时会生成棕色的氧化物。

▲ 镉的熔点为 320.9℃，沸点为 765℃。

▲ 菱锌矿中的黄色来自其中的镉杂质。

镉的应用

镉可用于电镀、制造电池、制造染料等。

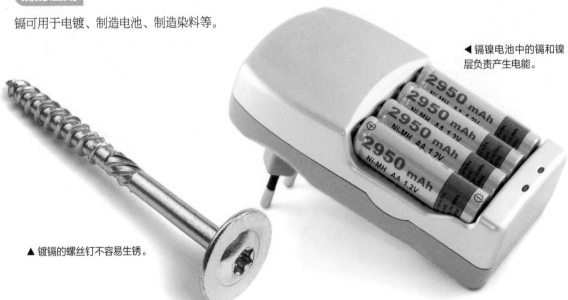

◀ 镉镍电池中的镉和镍层负责产生电能。

▲ 镀镉的螺丝钉不容易生锈。

72 Hf 铪（hā）

铪是一种银灰色、带光泽的金属，有6种天然稳定同位素。

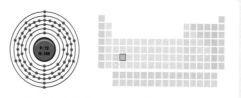

电子数：72　质子数：72　中子数：106

认识铪

铪不跟稀盐酸、稀硫酸、强碱溶液发生反应，但能够溶于氢氟酸和王水。

◀ 铪在自然界中多与锆伴生，地壳中铪的含量为0.00045%。

▶ 锆石晶体中含有约4%的铪。

铪的应用

铪的可塑性高，易加工，抗腐蚀，耐高温，多应用于原子能工业及电子工业。

◀ 芯片上的小电子元件中含有铪。

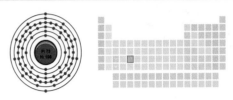

73 Ta 钽（tǎn）

钽是一种钢灰色金属，抗腐蚀性极高，不跟盐酸、浓硝酸及"王水"等发生反应。

电子数：73　质子数：73　中子数：108

认识钽

钽的硬度适中，延展性佳，可以制成薄箔或拉成细丝。自然界中的钽主要存在于钽铁矿中。

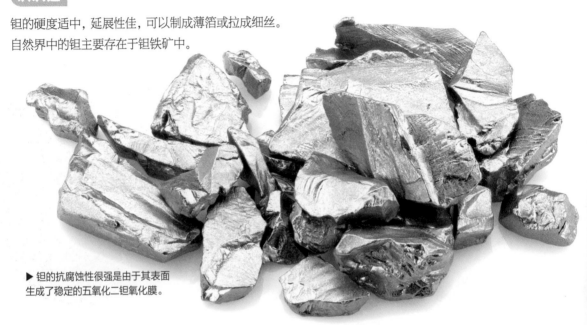

▶ 钽的抗腐蚀性很强是由于其表面生成了稳定的五氧化二钽氧化膜。

钽的应用

钽可用于制造电极、电容、整流器，也可制造蒸发器皿等，还可制成薄片或细线，用于医疗上的组织缝补。

▼ 钽金属制成的电容可以存储大量电荷。

▲ 钽、金、铜的合金可以制成手表的表壳和表带。

74
W 钨（wū）

钨是一种硬度高、熔点高、在常温下不受空气侵蚀的金属。

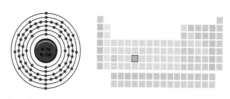

电子数：74 质子数：74 中子数：110

认识钨

地壳中钨的含量为 0.001%，花岗岩中钨的平均含量为 1.5×10^{-6}。中国是世界上最大的钨储藏国。

▶ 钨铁矿的主要成分是钨酸亚铁，矿石呈淡褐黑及淡黑褐色。

▲ 钨有良好的高温强度,只有在1000℃以上钨才出现氧化物挥发和液相氧化物。

钨的应用

钨的主要用途为制造灯丝和高速切削合金钢、超硬模具，也用于制造光学仪器和化学仪器。

▼ 钨丝以前经常被用在灯泡中，但是由于不节能，现在已经很少被使用了。

75
Re 铼（lái）

铼是一种银白色的金属，在所有元素中，它的熔点是第三高，沸点第一高。

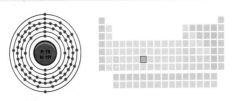

电子数：75 质子数：75 中子数：111

铼在地壳中的平均含量大约只有十亿分之一。铼是提炼钼和铜时的副产品，化学性质类似于锰和锝。

▲ 铼是地壳中最稀有的元素之一，它相较于钻石更难得到，因而价格高昂。

铼的应用

铼最大的应用是做镍铼合金，其次是用作化工生产中的催化剂。

▲X 射线管中用于高速电子撞击的靶面是铼合金制成的。

▲ 耐热的铼合金可以用于战斗机的发动机中。

76
Os 锇（é）

锇是灰蓝色金属，质硬脆，放在铁臼里很容易捣成粉末状。金属状的锇在空气中十分稳定，锇粉末易氧化。

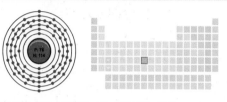

电子数：76 质子数：76 中子数：114

锇粉呈蓝黑色，可自燃。锇的蒸汽有剧毒，能够刺激人的眼部黏膜，造成暂时性的失明。

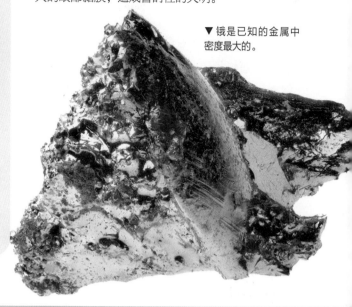

▼ 锇是已知的金属中密度最大的。

锇的应用

锇常与铑、钌、铱、铂等金属铸成合金，用作自来水笔尖、电唱机以及各类仪器和钟表中的轴承等。

◀坚硬的锇合金可以制作钢笔尖。

◀锇的合金可用于制作留声机的唱针。

77 Ir 铱（yī）

铱是 1803 年英国化学家台耐特、法国化学家德斯科蒂等人用王水溶解粗铂时，从器皿中残留的黑色粉末中发现的新元素。铱的名称来自拉丁文，是"彩虹"的意思。铱在地壳中的含量仅有千万分之一，常常存在于冲积矿床和砂积矿床的各类矿石中。自然界有两种铱的同位素：铱 –191、铱 –193。

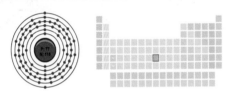

电子数：77　质子数：77　中子数：115

认识铱

铱是银白色的金属，硬而脆。在进行热加工不退火时，能制成细丝和薄片；退火后会失去延展性，变得硬而脆。

▲ 产自俄罗斯乌拉尔地区的天然铱锇合金。

铱的应用

铱具有高熔点、高稳定性，这使得它可以应用于很多的特殊场合，但铱的脆性和高温损耗对它的应用产生了很大的限制。

▶ 部分指南针使用了铱锇合金来制作指针和轴。

▼ 火花塞中加入了铱元素，可以承受发动机点火时产生的高温。

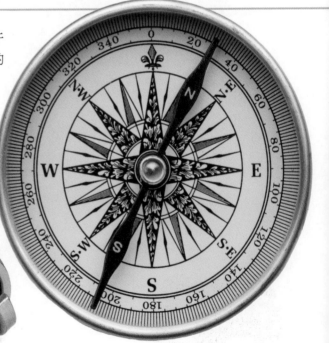

78
Pt 铂（bó）

铂的单质俗称白金，质软，有良好的延展性，导热性和导电性好。粉末状的铂可以吸收大量氢气。

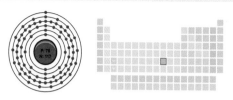

电子数：78　质子数：78　中子数：117

认识铂

铂金属不溶于盐酸、硫酸、硝酸以及碱溶液，但能够溶于熔融的碱和王水。

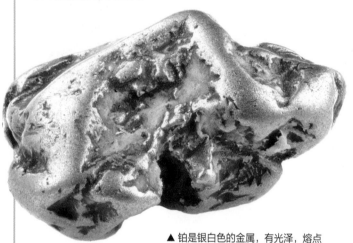

▲ 铂是银白色的金属，有光泽，熔点为1772℃，沸点为3827 ±100℃。

▼ 砷铂矿呈锡白色，有金属光泽。

铂的应用

铂可制强磁体、耐腐蚀的化学仪器，以及做催化剂，或者用于医疗化疗等。

▲ 铂金有光泽，适合做首饰。

◀铂制成的支架可以固定血管，对身体无害。

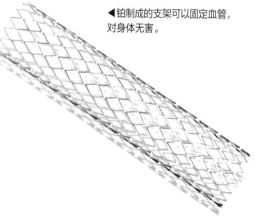

79
Au 金（jīn）

金的单质也称为黄金，长期以来一直被当作货币、保值物及珠宝。

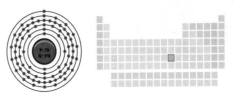

电子数：79　质子数：79　中子数：118

认识金

自然界中的金以单质的形式出现在岩石中、地下矿脉或冲积层中。

▼ 这些石英中含有金。

▲ 金常温下为光亮的固体，质软，密度高，抗腐蚀，延展性好。

金的应用

金被广泛用于金融、收藏、珠宝等领域，在医疗以及电力产业中也发挥着作用。

▲ 金可被铸成货币。

▲ 自古以来，金制的首饰都很受欢迎。

80 Hg 汞 (gǒng)

汞俗称水银，为银白色液体，化学性质稳定，不溶于酸、碱。

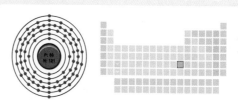

电子数：80 质子数：80 中子数：121

认识汞

汞在常温下就能蒸发，汞的蒸汽以及它的很多化合物都有剧毒。

▲ 汞是常温常压下唯一以液态存在的金属。

▼ 辰砂的成分为硫化汞，它是提炼汞的主要原料。

汞的应用

汞最常用作化学药物以及用于电子或电器产品中。

▼ 水银温度计利用水银的膨胀来测量温度。

104 Rf 𬬻 (lú)

𬬻是一种人造放射性元素，自然界中不存在。𬬻的命名是为了纪念英国物理学家欧内斯特·卢瑟福。

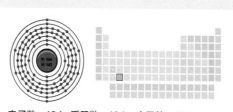

电子数：104 质子数：104 中子数：163

105 Db 𫓧（dù）

𫓧是一种人工合成的放射性化学元素，𫓧最稳定的同位素为𫓧-268，半衰期为28小时。𫓧是1968年美国加州大学伯克利分校、劳伦斯伯克利国家实验室和俄罗斯杜布纳联合核研究所联合发现的。

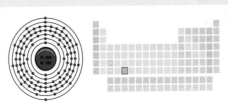

电子数：105　质子数：105　中子数：163

106 Sg 𬭳（xǐ）

𬭳是1970年美国加州大学伯克利分校的教授吉奥索带领团队发现的。𬭳的命名是为了纪念伯克利校长、诺贝尔化学奖得主西博格。𬭳最稳定的同位素是𬭳-266，半衰期为21秒。

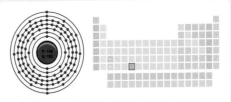

电子数：106　质子数：106　中子数：165

107 Bh 𬭛（bō）

𬭛是一个人工合成元素，不产生于自然界中。目前已知𬭛的同位素有11种，𬭛-262是最稳定的，半衰期为102毫秒。元素𬭛是以丹麦物理学家尼尔斯·玻尔命名的。

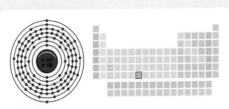

电子数：107　质子数：107　中子数：163

108 Hs 𬭶（hēi）

𬭶是一种人工合成的放射性元素，它的放射性很强，大多𬭶原子几秒内就会衰变。𬭶是重离子研究所的物理学家合成的。𬭶元素是以重离子研究所的所在地德国黑森州命名的。

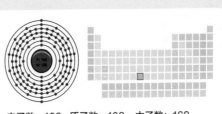

电子数：108　质子数：108　中子数：169

109 Mt 鿏 （mài）

鿏是一种人工合成的放射性化学元素，是由重离子轰击法获得的，半衰期约为五千分之一秒。鿏的单质可能是银白色或者灰色的金属态，化学性质应该类似于铱。

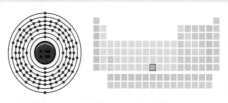

电子数：109　质子数：109　中子数：169

110 Ds 鐽 （dá）

鐽是一个人工合成的元素，是重离子研究所的成员于1994年11月9日用镍-62轰击铅-208合成的。鐽应该是白色或灰白色的固体金属，化学性质应该类似于同族的其他元素。

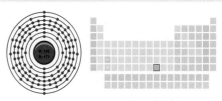

电子数：110　质子数：110　中子数：171

111 Rg 錀 （lún）

錀元素衰变速度很快，几毫秒内就会衰变，研究人员认为它应该跟金、银等元素有很多相似之处，但目前还无法得到证实。錀元素是以德国科学家威廉·伦琴的名字命名的。

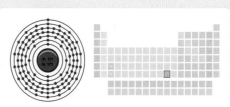

电子数：111　质子数：111　中子数：171

112 Cn 鎶 （gē）

鎶元素是1996年被合成出来的，它的原子质量约为氢原子的277倍，具有强放射性，最稳定的鎶原子大概能够存在20分钟。鎶的命名是为了纪念波兰著名的天文学家哥白尼。

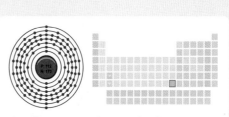

电子数：112　质子数：112　中子数：173

卤族元素

卤族元素简称卤素。卤族元素比较活泼，它们的单质是非金属，在自然界卤族元素都以典型的盐类存在。已知的卤族元素的单质都是双原子分子，同族元素物理性质的变化很有规律，它们的熔点、沸点、密度、原子体积、颜色都随着分子量的增大依次递增。

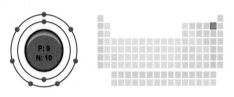

9 F 氟（fú）

氟可以和除了氧、氮、氦、氖、氩、氪之外的所有的元素的单质发生反应，生成最高价氟化物。

P: 9
N: 10

电子数：9　质子数：9　中子数：10

氟的单质是氟气，是一种淡黄色的气体，有剧毒。氟气有很强的腐蚀性，化学性质非常活泼，它甚至可以在一定条件下和部分惰性气体发生反应。氟气在−252℃时会变为无色液体。

◀ 萤石也叫氟石，是一种常见的矿物，其主要成分为氟化钙。萤石晶体有玻璃光泽，颜色多变。

▶ 黄玉是一种含氟铝硅酸盐矿物，透明，有玻璃光泽，常见的颜色有无色、淡蓝、蓝、粉、粉红、褐红、黄、绿等。

◀ 冰晶石又叫六氟合铝酸钠，是白色的结晶矿物，有时矿石中会含有微量的钙、铁、锰及有机质等。

◀ 氟磷灰石是常见的钙氟磷酸盐矿物，它存在于几乎所有的火成岩和镁矿中。氟磷灰石因其所含的杂质或共生矿物的不同，可呈现出灰白色、灰绿色、紫色等颜色。

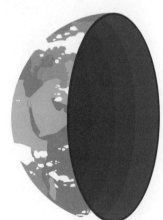

◀ 氟在自然界中分布广泛。氟在地壳中的含量为0.065%，排在第13位。

▲ 人体所需的氟，主要来源是饮用水。当人体每日摄入氟的量超过 4 毫克时，就会中毒，损害健康。

▼ 煮沸饮用水可以降低饮用水中的氟含量。

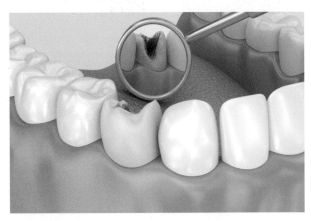

▲ 适量的氟有助于预防龋齿。日常用水中氟的含量小于 0.5ppm 时，龋齿的发生率会高达 70%~90%；水中含氟量超过 1ppm 时，牙齿会产生斑点并变脆。当水中氟含量高于 4ppm 时，人就可能患氟骨病，致使骨髓畸形。

▲ 氟化合物对于昆虫和植物而言也有毒性，植物叶端和叶脉会因氟化物的影响而出现白斑或者褐斑。

◀ 成年人体内的氟元素为 2~3 克，主要分布在骨骼、牙齿中。

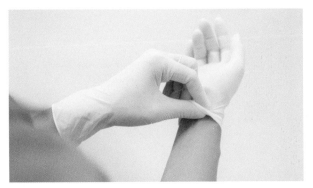

▲ 接触氟化物会对人体造成危害，在使用氟和氟化物时要严格遵守操作流程，做好安全措施，规范操作用具，戴好橡皮手套、防护面罩或防毒面具等。

知识链接

氟是已知元素中非金属性最强的元素，它没有正氧化态。氟的原子半径非常小，极容易得电子而不易失电子，氧化性极强，是已知的最强的氧化剂之一。

亨利·莫瓦桑

欧洲的化学家们在 19 世纪初就意识到了萤石等矿石中含有某种未知的新元素。70 年后，法国化学家亨利·莫瓦桑才制取到纯净的氟，他还因为这些实验而中了几次毒。

氟化物在现代科技中有着重要的应用，不仅可以制造特种塑料、橡胶和冷冻机，还广泛应用于电子工业以及医药领域。

▲ 氟可以作为氟蛋白泡沫灭火剂，适用于油田、油库、船舶、石化企业、飞机场等大型油类产品储存类火灾的救助。

◀酸性的氟化物用于玻璃表面，可以蚀刻出美丽的花纹。

◀含氟牙膏中添加有氟化物，能有效地预防龋齿，增强牙齿健康。儿童使用时要注意避免吞食。

▼ 氟可以合成氟利昂等冷却剂，用于空调制冷。

► 含有氟化锆、氟化钡、氟化钠等的氟化物玻璃比传统玻璃的透明度强百倍。氟化物玻璃纤维制成的光导纤维，效果也比二氧化硅制成的光导纤维效果强。

▼ 聚四氟乙烯具有耐热性，可用于不粘锅上作涂层，还可用于宇航服的制作。

▼ 含氟塑料和含氟橡胶性能特别优良。

► 含氟化合物制成的轻薄材料可用于制作防水的衣服。

▲ 含氟的釉料涂于陶瓷罐上，可以使陶瓷罐表面富有光泽。

氟化物对人体的危害

氟化合物对人体是有害的，摄入量少时会引起人体一系列的病痛，摄入的量多时会引起急性中毒。中毒剂量不致死的情况下，人体可以迅速恢复，注射葡萄糖酸钙治疗后，可以去除大约 90% 的氟。

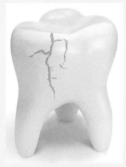

◀经常接触氟化物，有可能会导致牙齿脆裂、断落以及骨骼变硬、脆化等症状。饮水中含氟量过高也易导致氟中毒。

▲ 三氟化氯和三氟化溴可以作为火箭燃料的氧化剂。

▲ 氟可以用于制作金属冶炼中的助溶剂。

▲ 断路器中含有氟和硫的化合物，可以紧急切断电路。

▲ 氟化物对于昆虫来说是有毒的，可用于制作杀虫剂。

17 Cl 氯（lǜ）

氯是一种非金属元素，其单质是由两个氯原子构成的，俗称氯气，化学式为 Cl_2。氯在自然界中以化合态的形式广泛存在。

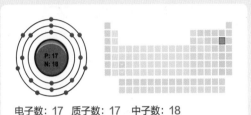

电子数：17　质子数：17　中子数：18

认识氯

常温常压下的氯气为黄绿色、有强烈的刺激性气味的气体。氯气的化学性质十分活泼，具有毒性。

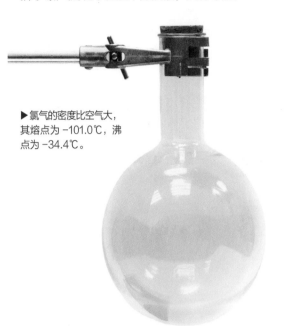

▶氯气的密度比空气大，其熔点为 −101.0℃，沸点为 −34.4℃。

▶氯通常以氯化物的形式存在，最常见的氯化物为氯化钠，是食盐的主要成分。

▲ 大气层中的氯单质在紫外线的照射下会跟臭氧发生反应，破坏臭氧层。

▼ 植物缺氯时，叶片就会因渗透压失衡而萎蔫。

知识链接

氯在一些常见的含氯无机化合物中的化合价为：氯化物（−1）、次氯酸（+1）、次氯酸盐（+1）、亚氯酸（+3）、亚氯酸盐（+3）、氯酸（+5）、氯酸盐（+5）、高氯酸（+7）、高氯酸盐（+7）。

氯的应用

氯主要应用于化学工业中，参与塑料、合成橡胶、染料、漂白剂、消毒剂、合成药物等的制作，在有机合成工业上也有着重要的作用。

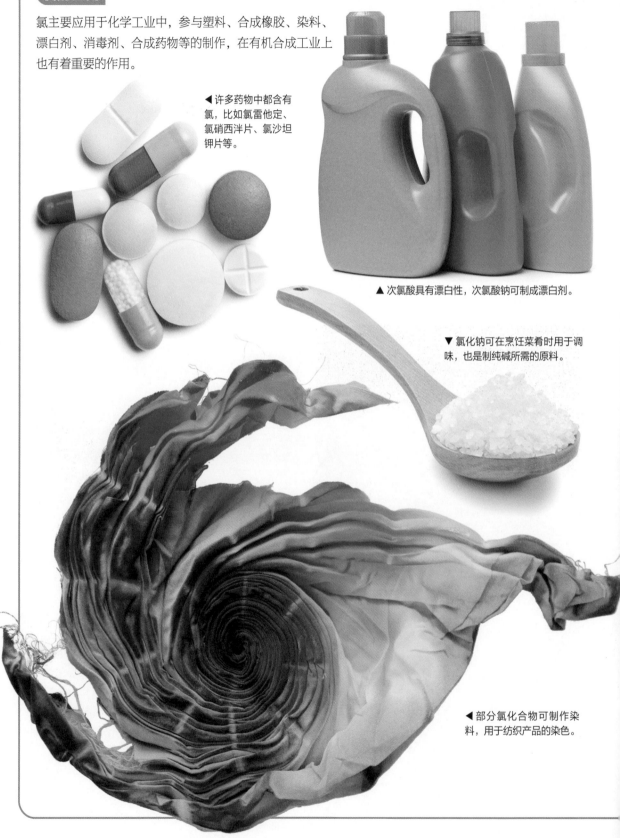

◀ 许多药物中都含有氯，比如氯雷他定、氯硝西泮片、氯沙坦钾片等。

▲ 次氯酸具有漂白性，次氯酸钠可制成漂白剂。

▼ 氯化钠可在烹饪菜肴时用于调味，也是制纯碱所需的原料。

◀ 部分氯化合物可制作染料，用于纺织产品的染色。

▶氯仿是有特殊气味、味甜的无色透明液体，在医学上可作麻醉剂。氯仿在光照下会与氧气反应生成剧毒的碳酰氯。人吸入氯仿会失去知觉。

▶自来水可以用氯气消毒，氯气与水反应会生成次氯酸，杀死水中的病菌，1升水需要用0.002克氯气。因为次氯酸难保存、易分解、毒性大，所以不直接用次氯酸而使用氯气。

◀聚氯乙烯材质的行李箱坚固而有韧性，不易损坏。

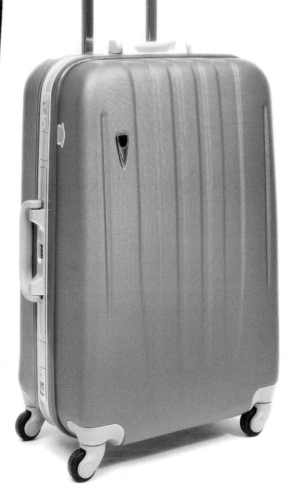

▼盐酸是一种工业清洁剂，具有腐蚀性。

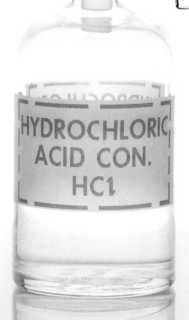

HYDROCHLORIC ACID CON. HC1

▼ 用含氯的塑料制作的护目镜，非常结实。

▶ 氯化合物可用于制作跑鞋的鞋底。

▲ 生理盐水是氯化钠含量为 0.9% 的盐水，生理盐水跟血浆有相同的渗透压，主要作为体液的替代物，用于静脉注射、治疗及预防脱水等。

◀ 硬质聚氯乙烯制作的管道，质量优异，非常结实。

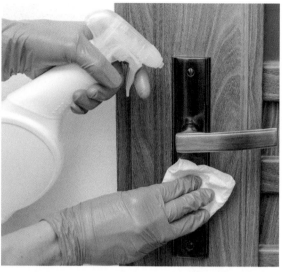

▲ 次氯酸可以为泳池中的水消毒，但是要严格掌控水中的氯含量，使泳池水不会对人体造成危害。

▲ 次氯酸具有杀菌消毒的作用，可用于水、果蔬、餐具以及物体表面、织物的消毒。

▲ 含氯的清洁产品不仅可以清洁浴室、泳池，还能清洁海床。海中的绿色海藻快速生长，会夺取其他海洋植物的营养，致其死亡。潜水员会用聚氯乙烯塑料板盖住海藻，在下面放入次氯酸钠，这样可以除去有害海藻，几周后再将塑料板移除即可。

35
Br 溴（xiù）

和其他卤素一样，溴元素在自然界基本上没有单质状态存在。溴的化合物常与氯的化合物混杂在一起，但数量较之少得多。

电子数：35　质子数：35　中子数：45

认识溴

溴是唯一在室温下呈液态的非金属元素。溴有刺激性气味，可溶于水，易溶于氯仿、乙醇、浓盐酸、乙醚、二硫化碳、四氯化碳和溴化物水溶液。

▶ 标准温度和压力下的溴单质是一种红黑色液体，有挥发性。溴单质熔点为 −7.2℃，沸点为 58.8℃。

◀ 地球上 99% 的溴元素都以溴离子的形式存在于海水中，所以溴也被称为"海洋元素"。

▶ 溴可溶于水，图中是低浓度的溴的水溶液。

溴的应用

溴在工业领域以及医疗领域都有广泛的用途，可用于生产各种化工材料、添加剂、阻燃剂以及镇静剂和药物。

▼ 溴化银可用在相机中，作为感光剂，在光的作用下在底片上呈现图像。

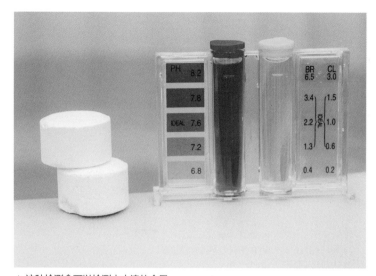

▲ 这种检测盒可以检测水中溴的含量。

单质状态的溴具有刺激性，还有毒。人吸入低浓度的溴，会产生咳嗽、胸闷、头痛、头晕、黏膜分泌物增加、全身不适等症状。吸入较高浓度的溴，患者呼气会有特殊的臭味，有剧咳、嘶哑、流泪、怕光、声门水肿以及发生过敏性皮炎、皮肤重度灼伤等现象。

▼ 医院里曾经使用的一些镇静剂就是用溴的化合物制成的，如溴化钠、溴化钾、溴化铵等。

▶ 溴可用于制备靛蓝色的颜料。

▲ 含溴植物油可以用在许多橘子口味的软性饮料中，作为乳剂。

接触溴的紧急处理方法

吸入溴：应当立即脱离现场至新鲜空气处，保持呼吸道通畅。呼吸困难时要输氧，呼吸停止要进行人工呼吸并及时就医。

皮肤接触溴：立即脱去被污染的衣物，先用水进行冲洗，再用1体积松节油、1体积（25%）氨水和10体积（95%）乙醇的混合液进行涂敷，也可先用苯、甘油除溴，再用水冲洗并及时就医。

食入溴：用清水漱口，饮下牛奶、蛋清或纯碱水并及时就医。

眼睛接触溴：提起眼睑，用大量生理盐水或流动的清水冲洗15分钟以上并及时就医。

▲ 溴可作为阻燃剂中的成分。发生燃烧反应时，阻燃剂中会生成氢溴酸，干扰燃烧中的化学反应。

▲ 溴甲烷曾是一种被广泛使用的农药，但因其会破坏臭氧层，从2005年这种农药已经被逐渐淘汰。

▲ 溴可以与氯一起，参与水的杀菌处理。

▲ 钙、钠与锌的溴化物在水里可以生成稠密的化合物，能够用来做钻井液。

▲ 溴可以应用于灭火器中，例如"1211"灭火器的主要成分是二氟一氯一溴甲烷，这类灭火器不仅能扑灭普通火险，还能在无法应用泡沫灭火器的时候，扑灭火险。

◀ 溴化乙锭可以在凝胶电泳中用作 DNA 的染色剂。

▶ 1,2- 二溴乙烷是一种汽油添加剂，添加于含铅汽油中，用其中产生的挥发性的溴化铅来除去引擎中的铅，但后来这种用法因污染环境而被禁止了。

◀防火服是用含溴化合物的材质制成的，能够防火。

▲溴钨灯不会出现碘钨灯常见的灯泡玻璃壳发黑的现象。

▶红药水是一种消毒药水，其中就含有溴。

▶添加了四溴双酚A的环氧树脂可用于制造印刷电路板。

▲ 死海位于以色列、巴勒斯坦、约旦的交界处，是地球上盐分第三多的水体。由于死海中的盐分丰富，水生生物难以在其中生存，除了细菌和绿藻外，水中没有其他的生物。死海海岸上，大量的溴盐结成了盐层。

▲ 溴化钾在 19 世纪被失眠患者用于助眠。中间为溴化钾。

知识链接

溴单质应该存放在阴凉、通风的地方，室温保持在 −5~25℃，溴单质放在玻璃瓶中并用玻璃塞密封。要注意远离火种、热源，不与还原剂、易燃物或可燃物、碱金属、金属粉末等一起存放。

53 I 碘 （diǎn）

碘是人体必需的微量元素之一，单质碘于1811年被法国药剂师库特瓦首次发现。

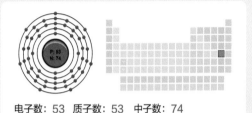

电子数：53　质子数：53　中子数：74

碘在二硫化碳、四氯化碳等物质中生成紫色溶液，碘以分子的形态存在于这些溶液中。碘在乙醇和乙醚中生成棕色的溶液。

▲ 实验室制取的高纯度碘单质。

▼ 烧瓶中的紫色碘溶液。

▲ 碘在自然界中的含量稀少，主要以碘酸钠的形式存在于硝石矿中。

▼ 海水中的海带、海鱼和贝类等动植物含有较多的碘。

▲ 碘单质是一种片状晶体，有紫黑色的光泽。

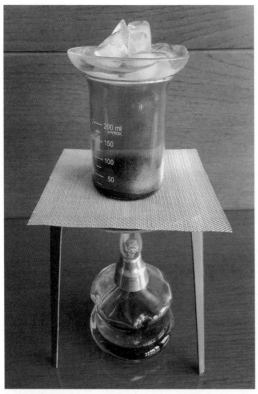

▲ 碘的熔点为 113 ℃，沸点为 184 ℃。碘容易升华，升华后容易凝华。

▲ 用于治疗甲状腺功能亢进的碘 131 具有放射性，为了安全被存放在铅盒中。

◀ 淀粉遇碘会变蓝，可用这一性质检测淀粉的存在。

碘的应用

碘对于动植物的生存极为重要，约 2/3 的碘及化合物被用来生产消毒剂、防腐剂和药物。

▲ 碘酒，又叫碘酊，主要成分为碘、碘化钾，为红棕色的液体，可用于治疗皮肤感染和消毒。

碘盐

人体所需的碘要从饮水、粮食、蔬菜及周围环境中获取，长期生活在缺碘环境中的人，会因缺碘而产生疾病与不适。为了人们能够摄入足够的碘，国家规定了在食盐中添加碘的标准。碘盐吃起来与普通的食盐完全相同，许多海产品中碘的含量也很高，经常食用也可补碘。

▲ 人们在一日三餐中能摄取到足够碘。碘盐需要坚持食用，缺碘地区的人，如果连续 3 至 6 个月没有食用碘盐，就会缺碘。

▲ 高级哺乳动物体内的碘以碘化氨基酸的形式集中在甲状腺内，缺碘会引起甲状腺肿大，也就是俗称的大脖子病。

▲ 碘伏是单质碘与聚乙烯吡咯烷酮的不定型结合物。医用碘伏呈浅棕色，具有杀菌作用，可杀灭真菌、细菌繁殖体、原虫和部分病毒，可用于皮肤和器械的消毒。

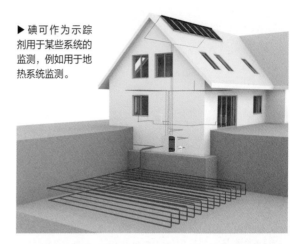

▶ 碘可作为示踪剂用于某些系统的监测，例如用于地热系统监测。

▲ 碘化合物可用来制油墨。

▲ 碘化银可作为相机的感光剂，还可用在人工降雨中，作为造云的晶种。

◀碘可用于制造碘喉片、碘甘油等药物。

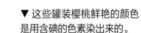

▼ 这些罐装樱桃鲜艳的颜色是用含碘的色素染出来的。

▲ 加入了碘的太阳镜镜片，可过滤掉部分反射光，保护眼睛。

知识链接

摄入过多的碘也会危害身体健康，日常饮食中摄入过量的碘会引起"甲亢"。在正常的饮食之外，是否要特意补碘，需要在正规体检后听从医生的指导，不能盲目补碘。

85 At 砹（ài）

砹初次被合成是在 1940 年，是用 α 粒子轰击铋原子进行人工合成的。铀和钍自然衰变也会形成砹。已知的砹的 20 多种同位素，都有放射性，其中半衰期最长的是 8.1 小时。

电子数：85 质子数：85 中子数：125

知识链接

砹与银化合，会生成难溶解的砹化银。

认识砹

砹是放射性元素，在大自然中含量又少，又不稳定，且寿命很短，很难将它们聚集起来，积聚到一克都是不可能的。

▲ 晶质铀矿中的钫原子不稳定，会衰变成砹原子。

117 Ts 础（tián）

117 号元素础是美国劳伦斯利弗莫尔国家实验室、橡树岭国家实验室和俄罗斯布纳联合核研究所的科学家在 2010 年首次合成的。作为一种超重元素，础在自然界中并不存在，它是由科学家们用钙 –48 原子轰击锫 –249 进行人工合成的。

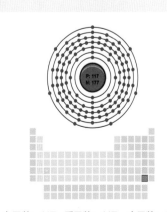

电子数：117 质子数：117 中子数：177

锕系元素

锕系元素指的是元素周期表中ⅢB族中原子序数为89~103的15种化学元素。锕系元素都是放射性元素。锕系元素中锕、钍、镤、铀、镎、钚存在于自然界中，其余的都是用人工核反应合成的。

89 Ac 锕 (ā)

锕是银白色的金属。天然的锕很少见，大部分的锕都是其他放射性元素在衰变的过程中形成的。锕的同位素中，除了锕–227 和锕–228 是天然形成的，其余都是通过人工核反应合成的。

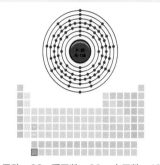

电子数：89　质子数：89　中子数：138

90 Th 钍 (tǔ)

钍是银白色的金属，质地柔软，暴露在空气中后会逐渐变成灰色。钍在地壳中广泛分布，天然存在的钍是质量数为 232 的钍同位素。

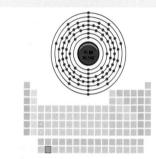

电子数：90　质子数：90　中子数：142

认识钍

钍的化学性质比较活泼，它不溶解于稀酸和氢氟酸，但会溶于盐酸、硫酸和王水中。硝酸可以使钍钝化。

▶ 独居石中常含有 10%~20% 的二氧化钍。

91 Pa 镤 (pú)

镤是一种天然放射性元素。镤的天然放射性同位素有两种，分别是 1913 年美国化学家法扬斯发现的短半衰期的镤–234，以及 1917 年英国化学家索迪、哈恩等各自独立发现的长半衰期的镤–231。

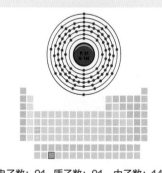

电子数：91　质子数：91　中子数：140

92

U 铀 （yóu）

铀是在自然界发现的最重的元素。铀在自然界中有三种同位素，都有放射性，半衰期长达数十万年至 45 亿年。铀的化合物最早是用于瓷器的着色，在它的核裂变现象被发现后一般作为核燃料被使用。

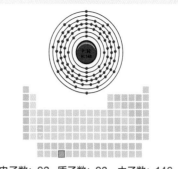

电子数：92　质子数：92　中子数：146

93

Np 镎 （ná）

镎是银白色有放射性的金属，熔点为 640℃，沸点为 3902℃，化学性质与铀相似，可在空气中被缓慢地氧化。自然界中镎的量极少，只在铀矿中有少量存在，通常都是由人工制成的。

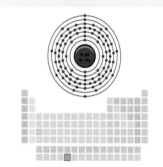

电子数：93　质子数：93　中子数：144

94

Pu 钚 （bù）

钚是一种银白色的金属，有放射性，在空气中容易锈蚀、氧化，生成二氧化钚。钚的半衰期为 24 万 5 千年。钚是原子能工业中的重要原料，能够作为核燃料和核武器的裂变剂。

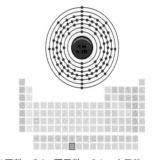

电子数：94　质子数：94　中子数：239

95

Am 镅 （méi）

镅是在 1944 年被人工合成的一种放射性元素。镅是银白色的金属，化学性质活泼，易被稀酸溶解。烟雾探测器中含有微量的镅，烟雾干扰镅原子在空气中产生的电流时，探测器就会报警。

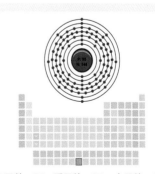

电子数：95　质子数：95　中子数：148

96 Cm 锔（jū）

锔元素是一种人造元素，是 1944 年由美国加州大学伯克利分校的教授西博格带领团队发现的。锔在地球上不存在单质或化合态。金属锔呈银白色，有放射性，有延展性。

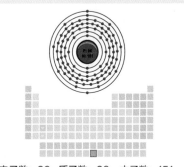

电子数：96　质子数：96　中子数：151

97 Bk 锫（péi）

锫是一种银白色的金属，柔软，有放射性，半衰期为 330 天。锫除了用于合成更重的超铀元素和超锕系元素外，没有实际的用途。锫是美国加州伯克利的劳伦斯伯克利国家实验室在 1949 年发现的。

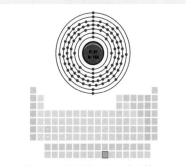

电子数：97　质子数：97　中子数：150

98 Cf 锎（kāi）

锎元素是 1950 年加州大学伯克利分校以 α 粒子（氦 –4 离子）撞击锔首次合成的。地球上存在极少量的锎，主要存在于铀矿中。金属锎为银白色，加热条件下可以和氢、氮及绝大部分氧族元素反应。

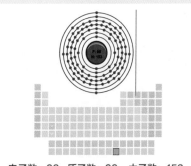

电子数：98　质子数：98　中子数：153

99 Es 锿（āi）

锿是银白色金属，柔软，有顺磁性。锿是 1952 年第一次氢弹爆炸时，在它的残余物中发现的。锿最常见的同位素锿 –253 是锎 –253 衰变而得到的。锿是以物理学家阿尔伯特·爱因斯坦的名字命名的。

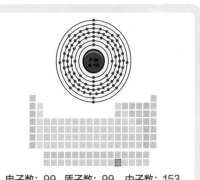

电子数：99　质子数：99　中子数：153

100 Fm 镄 (fèi)

镄是一种人造放射性元素，是在 1952 年由美国加州大学伯克利分校教授吉奥索带领团队发现的，为了纪念物理学家费米以他的名字命名。由于镄的产量少，目前只用在基础科学研究方面。

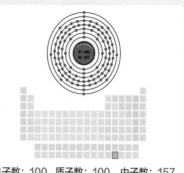

电子数: 100　质子数: 100　中子数: 157

101 Np 钔 (mén)

钔元素是 1955 年美国加州大学伯克利分校教授吉奥索、西博格、哈维、肖邦等人在加速器中用氦核轰击锿原子而得到的。钔是以发明元素周期表的俄国化学家门捷列夫的名字命名的。

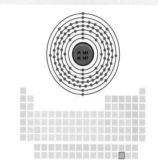

电子数: 101　质子数: 101　中子数: 157

102 Pu 锘 (nuò)

锘元素是一种人工合成元素，具有放射性。1957 年斯德哥尔摩诺贝尔研究所用碳 –12 离子轰击锔 –244 和锔 –246 混合物得到了锘原子，但它几分钟后就衰变了。锘元素锘的命名是为了纪念瑞典的化学家诺贝尔。

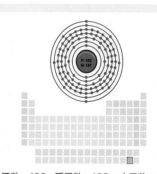

电子数: 102　质子数: 102　中子数: 157

103 Am 铹 (láo)

铹元素是 1961 年在美国加州伯克利市的劳伦斯伯克利国家实验室中由吉奥索等人发现的。铹的命名是为了纪念著名物理学家欧内斯特·劳伦斯，他发明了第一个回旋粒子加速器，铹原子是在类似的机器中产生的。

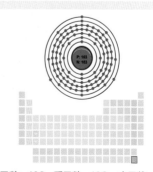

电子数: 103　质子数: 103　中子数: 163

镧系元素

镧系元素指的是元素周期表中第 57 号到 71 号的 15 种元素。镧系元素性质活泼，容易和酸、卤素、氧气、氮气、氢气、硫等发生化学反应。镧系元素保存时表面通常都要涂上腊，以免被氧化。原先科学家们觉得镧系元素不常见，因而也称它们为稀土元素。

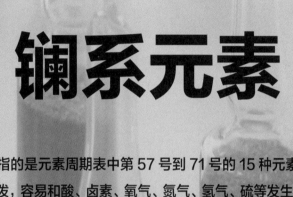

57 La 镧 （lán）

镧是银灰色金属，有光泽，质地软。镧在空气中会失去金属光泽，在表层生成蓝色的氧化膜，但这层氧化膜不能保护金属，而是会使氧化继续进行，生成白色的氧化物粉末。

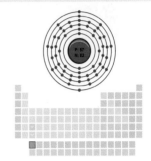

电子数: 57　质子数: 57　中子数: 82

认识镧

镧的化学性质活泼，易溶于酸，能够和冷水缓慢反应，能和多种非金属反应。金属镧一般保存在稀有气体或矿物油中。

▶ 金属镧的熔点为921℃，沸点为3457℃。

58 Ce 铈 （shì）

铈是第一个被发现的镧系元素。铈是一种银灰色金属，化学性质活泼，有毒性，但其化合物相对安全。铈易溶于酸，可作还原剂。铈的粉末在空气中容易自燃。

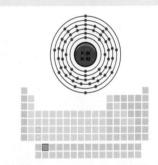

电子数: 57　质子数: 57　中子数: 82

认识铈

铈多存在于独居石和氟碳铈矿中，铀、钍、钚的裂变产物中也有铈元素的存在。

▶ 铈是稀土元素中丰度最高的元素，它在地壳中的含量约为0.0046%。

59 Pr 镨（pǔ）

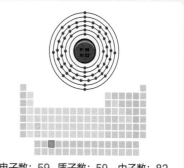

镨是一种银白色的金属，质软，有延展性。镨单质暴露在空气中，表面会生成一层易碎的绿色氧化物。纯镨必须保存在矿物油或密封塑料中。镨的名称原意是"绿色"，因为它的盐是绿色的。

电子数：59　质子数：59　中子数：82

认识镨

镨主要存在于独居石和氟碳铈矿中。

▼ 镨具有慢性低毒，不是生物所必需的元素。

60 Nd 钕（nǔ）

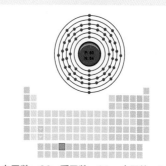

钕是银白色的金属，有顺磁性。钕的化学性质活泼，在室温下能在空气中缓慢氧化，生成氧化钕，表面迅速变暗，能在冷水中缓慢反应，在热水中迅速反应，生成氢氧化钕。

电子数：60　质子数：60　中子数：84

61 Pm 钷（pǒ）

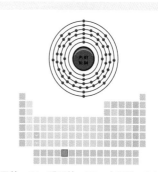

钷是镧系元素中最稀有的一种。钷是铀、钍和钚的裂变产物，具有很强的放射性，地壳中的钷在几十亿年前已经全部衰变了。钷的放射性能转化为电能，可应用在导弹上。

电子数：61　质子数：61　中子数：84

62 Sm 钐 (shān)

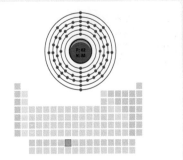

钐是银白色的金属，中等硬度，有轻微的毒性。钐在干燥的空气中性质稳定，在潮湿的空气中会生成氧化物。粉末状的钐能够在空气中自燃。

电子数：62 质子数：62 中子数：88

认识钐

独居石是提炼钐的主要来源。钐容易磁化，而且很难退磁，钐与钴可一起制成永磁体。

▶ 钐接触空气后会变暗。

63 Eu 铕 (yǒu)

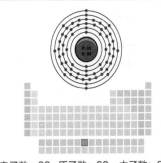

铕是一种银白色的金属，燃烧后生成的氧化物近似白色。铕的熔点为822℃，沸点为1597℃。在室温下，铕在空气中会立刻失去金属光泽，并且会很快被氧化成粉末。

电子数：63 质子数：63 中子数：89

64 Gd 钆 (gá)

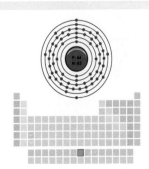

钆是银白色的金属，有延展性，熔点为1313℃，沸点为3266℃。地壳中钆的含量为0.000636%，钆多存在于独居石和氟碳铈矿中。钆被广泛应用在医疗、工业、核能等领域。

电子数：64 质子数：64 中子数：93

65 Tb 铽（tè）

铽是银白色金属，有毒。铽可溶于稀酸，可以跟水发生缓慢的反应，应当保存在真空容器或充有惰性气体的容器中。

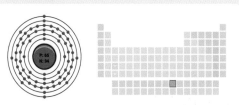

电子数：65　质子数：65　中子数：94

铽有很多优异的性能，能够应用到农业、工业、畜牧业、医药卫生、高新技术产业等领域。

▲ 铽金属柔软、有延展性，在高温下易被空气腐蚀，室温下被缓慢腐蚀。

66 Dy 镝（dí）

镝是一种银白色金属，质软，能够用小刀切开，熔点为1412℃，沸点为2562℃。镝在空气中的性质稳定，在高温下能够被空气和水氧化。镝在接近绝对零度的时候表现出超导性。

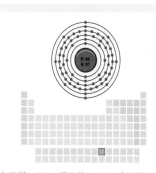

电子数：66　质子数：66　中子数：97

67 Ho 钬（huǒ）

钬是银白色的金属，质软，有延展性，熔点为1474℃，沸点为2695℃。地壳中钬的含量约0.000115%，多存在于独居石和稀土矿中。钬在干燥空气中性质稳定，高温下会很快氧化。

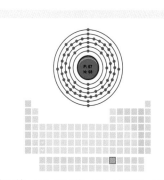

电子数：67　质子数：67　中子数：98

68 Er 铒 （ěr）

铒是银白色的金属，熔点为 1529℃，沸点为 2863℃。低温下的铒是反铁磁性的，接近绝对零度时，铒有强铁磁性，并有超导性。铒可在室温下被空气和水缓慢氧化，氧化铒呈玫瑰红色。

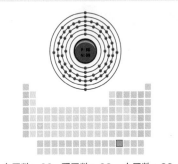

电子数：68　质子数：68　中子数：99

认识铒

地壳中铒的含量约为 0.000247%，多与其他密度较大的稀土元素一起存在于磷钇矿和黑稀金矿中。

▶1843 年，瑞典科学家莫桑德尔在钇土中发现了铒的氧化物。

69 Tm 铥 （diū）

地壳中铥的含量约为十万分之二，是含量最少的稀土元素。铥与其他稀土元素共存于独居石、硅铍钇矿、磷钇矿、黑稀金矿中。独居石中稀土元素的质量占比约为 50%，铥占 0.007%。

电子数：69　质子数：69　中子数：100

认识铥

铥是银白色的金属，质软，有延展性，在空气中性质稳定。氧化铥为淡绿色晶体。

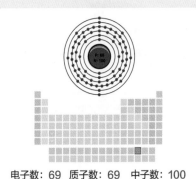

▶铥金属的熔点为 1545℃，沸点为 1947℃。

70 Yb 镱（yì）

镱是银白色的金属，有光泽，容易被氧化，在空气中会被缓慢地腐蚀，能跟水缓慢作用，可溶于稀酸和液氨中。镱可用于光纤通信和激光技术中，还可制造特种合金及用于牙科医学中。

电子数：70　质子数：70　中子数：103

认识镱

地壳中镱的含量约为 0.000266%，独居石中镱的含量约为 0.03%。

▶ 镱金属质软，有延展性，可被压制成薄片。

71 Lu 镥（lǔ）

镥是一种银白色的金属，它是稀土元素中最致密、硬度最大的金属。镥在空气中性质较为稳定，能跟水缓慢作用，可溶于稀酸。氧化镥是无色晶体，溶于酸后生成无色的盐。

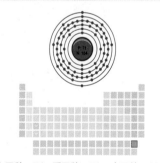

电子数：71　质子数：71　中子数：104

认识镥

镥在自然界中的储量非常少，主要用于研究工作。

▶ 镥金属的熔点为 1663℃，沸点为 3395℃。

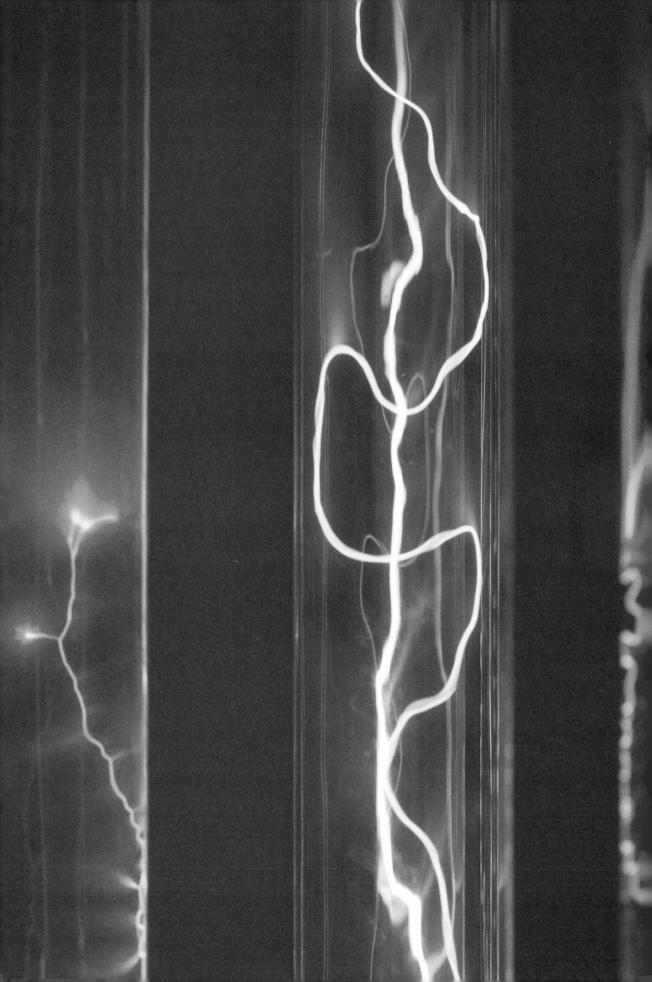

稀有气体元素

稀有气体是指元素周期表最右边一列的 0 族元素。稀有气体在常温常压下都是无色无味的单原子气体，不与其他元素发生化学反应，因而也称为惰性气体。稀有气体的原子既不参与化学键的形成，也不与自己的原子结合，因而常温下总是呈气态。

$^2_{He}$ 氦（hài）

氦是第二轻的元素，仅次于氢。氦气在地球大气中的浓度非常低，就是因为它很容易从地球的大气层中逸入太空。但它在整个宇宙中广泛存在，是木星、土星、天王星、海王星等行星大气的重要组成气体。

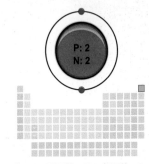

P: 2
N: 2

电子数：2　质子数：2　中子数：2

认识氦

氦是一种无色、无臭、无味的透明气体，但当其带电时会呈现出紫色。

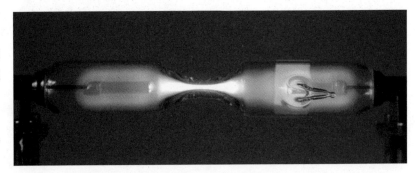

▶放电管中的氦气。

氦的应用

氦的主要用途是作为冶炼和焊接时的保护气体和超低温冷冻剂。另外，因为氦气的性质非常稳定，且比空气轻，所以常被充入飞艇或气球中。

◀飞艇的气囊中充入了大量的氦气，因此可以升入空中。

▼氦气可以冷却核磁共振扫描仪内部的超导体，以使其产生超强的磁场，用来扫描患者的身体。

◀这种聚会上经常出现的可以漂浮起来的气球中充满了氦气和空气的混合气体。

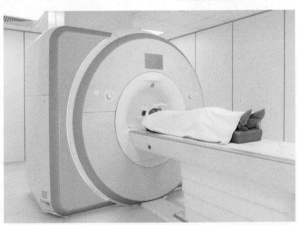

10
Ne 氖（nǎi）

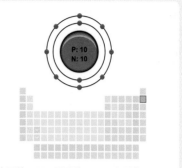

氖在地球大气中的含量非常少，只占地球大气总含量的 0.0018%。地球的岩石中存在少量的氖，这些氖会随着火山喷发而被释放到空气中。氖气最常见的用途是作为霓虹灯的充装气体。

电子数：10　质子数：10　中子数：10

认识氖

氖是一种无色、无臭、无味的透明气体，但通电后会发出橙黄色的光。

▶ 放电管中的氖气。

18
Ar 氩（yà）

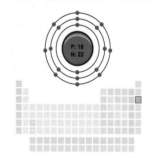

氩是地球大气中含量最高的一种稀有气体，它不会与任何元素发生反应，可以被填充到博物馆的展示柜中，用以保护其中的文物。在潜水服中充入氩气，可以起到为潜水员保温的作用。

电子数：18　质子数：18　中子数：22

认识氩

氩是一种无色、无臭、无味的气体，但通电后会发出淡紫色的光。

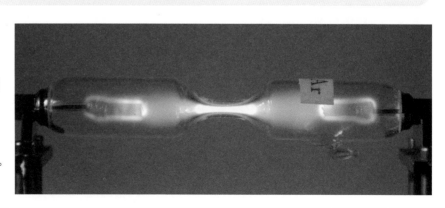

▶ 放电管中的氩气。

36 Kr 氪（kè）

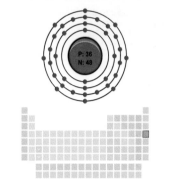

电子数: 36　质子数: 36　中子数: 48

氪的单质是无色、无臭、无味的气体，天然的氪是6种稳定同位素的混合物，氪还有约20种由铀裂变和其他核反应产生的放射性同位素。氪的工业来源只有空气，矿石或陨石中的氪含量极微。地球大气中氪的体积含量为0.000114%。

认识氪

氪是1898年英国的拉姆赛和特拉威斯用光谱分析液态空气时发现的。氪气可以注入电灯泡中，也可用于制作荧光灯。

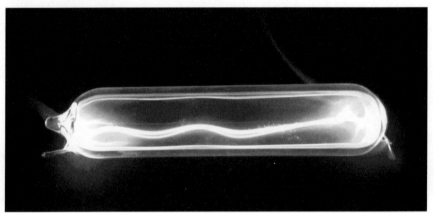

▶ 惰性气体氪在通电时发出蓝白色光。

54 Xe 氙（xiān）

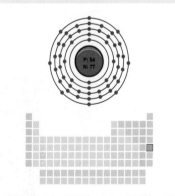

电子数: 54　质子数: 54　中子数: 77

氙气是无色、无臭、无味的气体，在空气中的体积含量为0.0087%，温泉的气体中也含有一定量的氙气。氙的发光强度很高，可用于照明技术，充填闪光灯、光电管、氙气高压灯等。氙还可以用于焊接、深度麻醉剂、医用紫外线、激光器等。

86 Rn 氡 (dōng)

氡是无色、无味的气体，具有放射性。氡可以压缩成无色、发磷光的液体，固态的氡呈天蓝色，有钻石光泽。氡相较于其他惰性气体，更容易溶于水以及煤油、甲苯、二硫化碳等溶剂。氡容易吸附在活性炭、橡胶、硅胶等吸附剂上。

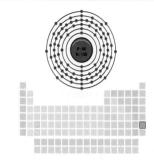

电子数：86　质子数：86　中子数：136

认识氡

氡是放射性气体，人吸入后可能会引起辐射损伤，引发肺癌。花岗岩、水泥、石膏之类的天然石材容易释出氡。

▼ 晶质铀矿中的放射性金属衰变会释放氡气。

▲ 从地下深处泵出的用于地热发电的水中，含有氡元素。

118 Og 鿫 (ào)

鿫的原子序数和原子量是目前已知的元素中最高的，它是人类目前合成的最重的元素。鿫元素是美国劳伦斯利弗莫尔国家实验室和俄罗斯的科学家联合合成的，其命名是为了向俄罗斯物理学家尤里·奥加涅相致敬。目前鿫的性质还不明确。

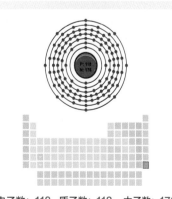

电子数：118　质子数：118　中子数：176

其他金属元素

金属元素是指具有金属特性的元素，在化学反应中容易丢失电子。除了碱金属、碱土金属、过渡金属、镧系、锕系等元素外，这类元素还包括被称作贫金属的铝、镓、铟、锡、铅、铊、铋、钋等更软、熔点和沸点也更低的元素。另外，钔、铁、镆和𬬭虽然尚没有足够的量来确认其化学性质，但它们可能也具有贫金属的特性。

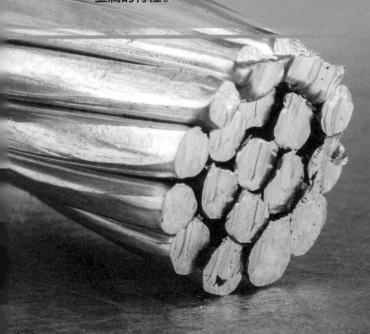

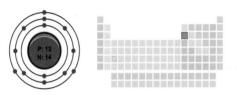

13
Al 铝 (lǚ)

铝是一种银白色的金属，有良好的延展性。
铝易溶于酸、碱溶液中，难溶于水。

P: 13
N: 14

电子数：13　质子数：13　中子数：14

铝元素是地壳中含量第三多的元素，仅次于氧和硅，也是地壳中含量最多的金属元素。

▲ 铝在地壳中的含量为 8.3%，主要以铝硅酸盐矿石的形式存在。

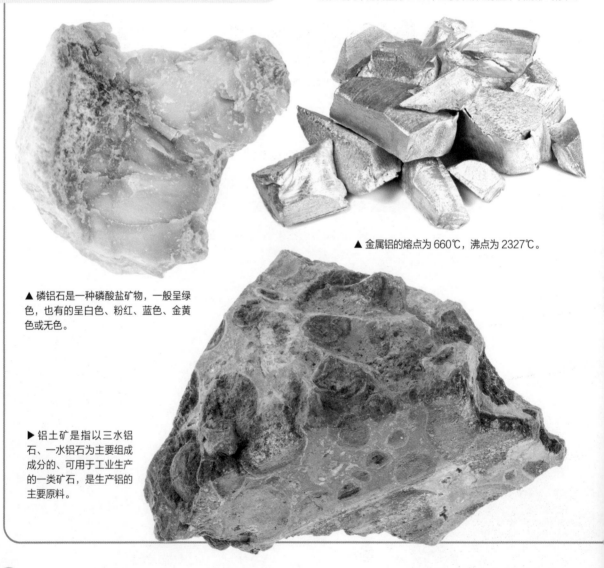

▲ 金属铝的熔点为 660℃，沸点为 2327℃。

▲ 磷铝石是一种磷酸盐矿物，一般呈绿色，也有的呈白色、粉红、蓝色、金黄色或无色。

▶ 铝土矿是指以三水铝石、一水铝石为主要组成成分的、可用于工业生产的一类矿石，是生产铝的主要原料。

▲ 明矾晶体中含有铝和硫的化合物。

▶ 硬水铝石是铝的氧化物矿物，一般为无色、白色、灰色，有时也含红、褐等颜色的杂质。

▲ 霞石是一种硅酸盐矿物，含有铝和钠，可用来制铝。

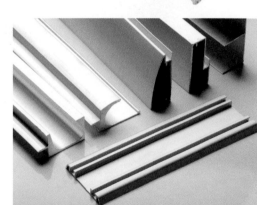

▲ 铝被加工成商品时，一般会被制成片状、棒状、粉状、带状、箔状和丝状。

◀ 冰晶石（六氟合铝酸钠）可以用作电解铝工业中的助燃剂等。

知识链接

1854 年，法国化学家德维尔在铝矾土和木炭、食盐混合物中通入氯气，并将得到的盐与过量的钠熔融，制取了金属铝。1886 年，美国人豪尔和法国人海朗特，分别用电解含铝矿石的方法制得了金属铝，为大规模生产铝奠定了基础。

▲ 黏土是一类含沙量少和含水量较少、有黏性、可塑性强的土壤，主要成分为氧化硅与氧化铝。

▲ 云母是一类含有锂、钾、镁、铝、铁等金属的铝硅酸盐矿物。

◀ 蓝晶石是一种耐火度很高的矿物，主要的化学成分为氧化铝和二氧化硅。

▲ 长石是一种铝硅酸盐矿物，有许多种类，如钙长石、钠长石、钡长石、钡冰长石、正长石、微斜长石、透长石等。

▲ 高岭石也叫作高岭土、瓷土，是一种由长石、普通辉石等铝硅酸盐类矿物在风化过程中形成的黏土矿物。

铝的应用

铝材具有重量轻和耐腐蚀等优点，并且地球上的铝资源十分丰富，因而铝及铝合金有着广泛的应用。

▶ 铝箔可以折叠和弯曲，而不易破损。

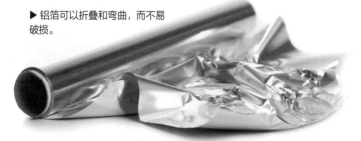

▲ 铝罐可以回收再利用。

▲ 智能手表屏幕外围的铝制外壳可以保护触摸屏。

◀ 网球拍采用铝制框架，更加轻便。

预防铝中毒

如果铝在人体内慢慢累积，可能会引起铝中毒，其毒性缓慢，较难察觉，会对人体造成较大危害。因此，在日常生活中要注意防止铝的摄入、吸收。

▲ 减少使用铝制炊具，少喝易拉罐装的饮料，少吃用铝包装的食品。

▲ 很多炸油条所用的碱中含有铝或者铝离子，所以尽量在正规摊贩处购买油条食用。

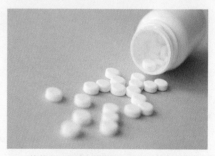

▲ 一些药品是用含铝物质制成的，可减少服用此类的药品或用同等效用的药物替代。

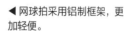

铝的回收利用

提纯铝需要较高的成本，所以铝制品常会被回收利用。以易拉罐为例，回收再利用的步骤一般为：将旧的易拉罐收集到一起；将收集的易拉罐挤压成砖块状；将其切成小碎片后熔铸成铝块；将铝块切割成小块，挤压成铝板；把铝板制成铝罐。

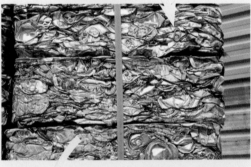

◀相较于生产一个新铝罐，回收利用一个旧铝罐更加节能环保，省下的能量能维持电视机播放三个小时的节目。

▲ 防火服是由阻燃面料覆合铝箔制成的，有良好的阻燃性能，铝箔层还具有防热辐射的作用。

174

◀ 飞机蒙皮需要具备较大的承载力及刚度，同时自重要轻，铝板就可用于制作蒙皮。

▼ 新加坡滨海艺术中心的圆屋顶是铝制的。钢制屋顶重量过大，建筑难以承受，铝制屋顶就解决了这个问题。

▲ 喷气式涡轮发动机需要有精确的扇叶形状，以便带动空气，还需要在较高的温度下保持其硬度和性能，而且质量不能太重，否则将会影响飞机的飞行，铝便是符合这些条件的金属。铝不仅易塑形，质量轻，而且不易生锈。

▲ 铝具有良好的导电性，而且铝制电缆质量轻，适合做架空电缆。

▶ 铝合金有足够的强度、良好的抗蚀性和焊接性能，因而被广泛应用于建筑物构架，如门窗等。

▼ 因为铝粉具有银白色的光泽，所以又被称为铝银粉或银粉。铝粉可用来做涂料、仿金纸、油墨等。

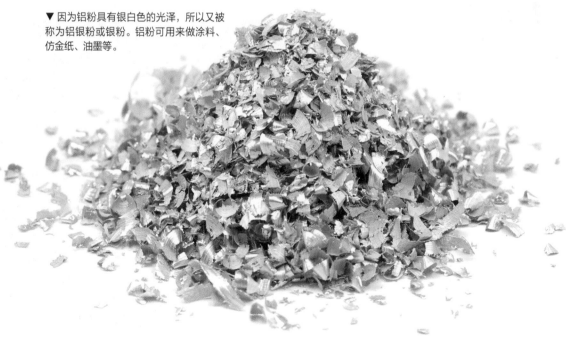

31 Ga 镓 (jiā)

镓是一种灰蓝色或银白色的金属，原子量69.723。镓的熔点很低，为29.76℃，沸点很高，为2403℃。

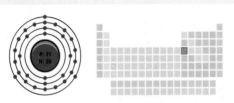

电子数：31 质子数：31 中子数：39

镓在室温条件下可以跟水缓慢反应，跟沸水会发生剧烈反应，生成氢氧化镓和氢气。镓会浸润玻璃，因而不适合用玻璃容器存放，可用塑料容器存放。

▲ 镓在人手上，因人的体温高于镓的熔点而变成液体。

▲ 镓在地壳中的含量大约为0.0015%。

▲ 液态镓容易过冷，即在0℃也不固化。

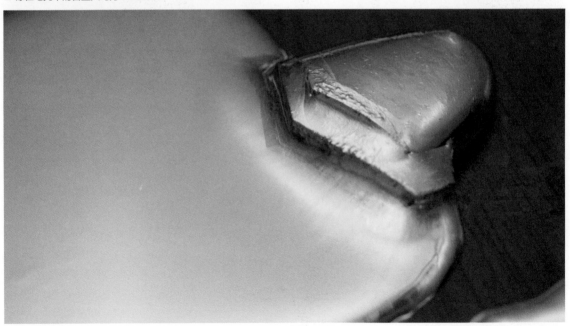

▲ 镓在温度达到29.76℃时会变为银白色液体。

▶ 闪锌矿中常存在微量的镓元素。

◀ 镓在空气中容易被氧化，形成氧化膜。

◀ 铝土矿中常含有少量的镓元素。

知识链接

镓由液态转化为固态时，体积大约会增加3.2%。

镓的发现

镓是法国化学家布瓦博得朗在 1875 年发现的。布瓦博得朗在闪锌矿矿石的原子光谱上发现了一种新的光谱线，表明这是一种新元素，他在 1875 年 11 月提取了这种元素——镓，并研究出来它的性质像铝。

▲ 闪锌矿

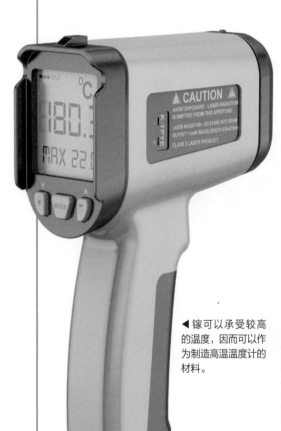

◀镓可以承受较高的温度，因而可以作为制造高温温度计的材料。

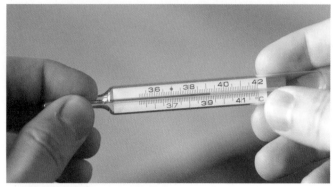

▲ 医用温度计中用镓的合金代替了汞。

▲ 镓有很强的反射光线的能力，又能在玻璃上很好地附着，因而可以用于制造反光镜。

▲ 镓激光器可用于读取蓝光光碟。

镓的应用

镓的性能独特，可应用于许多方面。纯镓及镓的低熔合金可以作为核反应的热交换介质；镓的化合物如氮化镓、砷化镓等是制造半导体的原料；镓还可以作为高温温度计、高温压力计的填充材料；镓可在有机反应中作二酯化的催化剂等。

▼ 镓的化合物使 LED 灯发出红色光。

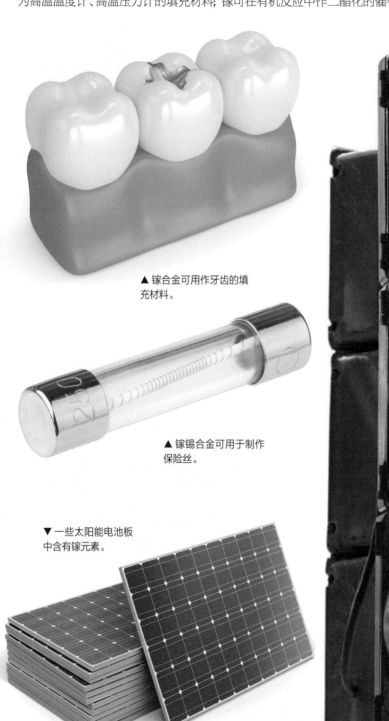

▲ 镓合金可用作牙齿的填充材料。

▲ 镓锡合金可用于制作保险丝。

▼ 一些太阳能电池板中含有镓元素。

In 铟 (yīn)

49

铟是一种银白色或银灰色的金属，质软，用指甲可在其上留下刻痕，延展性好，可以压成片状。

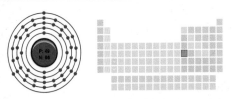

电子数：49　质子数：49　中子数：66

认识铟

铟的熔点为 156.61℃，沸点为 2060℃。液态铟会浸润玻璃，不适合用玻璃存放。地壳中铟的分布比较分散，量也很少。

▲ 赤铁矿中常有少量的铟杂质。

◀ 自然界中没有纯净的铟单质，也没有铟的富矿，铟一般在锌和其他金属矿中作为杂质存在。

▲ 闪锌矿中含有少量的铟。

▲ 角闪石中含有铟。

知识链接

铟是稀缺资源，全球铟储量预估仅为 5 万吨，而且只有 50% 可开采。

铟的应用

金属铟一般会作为制造低熔合金、半导体、轴承合金、电光源等的原料，由于质软，也常用于某些金属真空缝隙的填充、压缝。

▲ 含铟的焊接护目镜可以在焊接工作中保护焊工的眼睛。

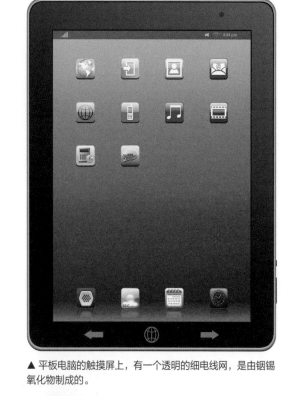

▲ 平板电脑的触摸屏上，有一个透明的细电线网，是由铟锡氧化物制成的。

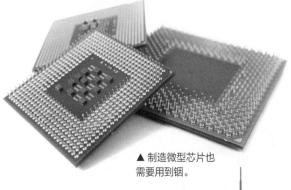

▲ 制造微型芯片也需要用到铟。

◀ 晶体管开关的组成成分中含有铟。

▼ 涂有氧化铟的窗户，不仅能保证透光性，还有一定的隔热能力。

50 Sn 锡（xī）

普通形态的白锡是一种低熔点金属，质软，有银白色的光泽，常温下在空气中不会被氧化。锡有三种同素异形体，分别是白锡、灰锡和脆锡。

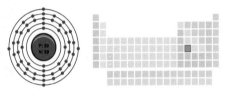

电子数：50　质子数：50　中子数：69

认识锡

地壳中锡的含量为 0.004%，大都以锡石的形式存在，也有很少的锡的硫化物矿。锡共有 14 种同位素。

▲ 锡石是炼锡的主要原料。自然界中纯净的锡石很少，大多含有铁、锰等元素，呈深棕黑色或褐色。

◀锡的展性很好，能够展成很薄的锡箔。

▶含锡的锡铜铁矿。

▲ 锡的熔点是 231.89℃，沸点是 2260℃。

锡的应用

锡的熔点低，可塑性强，可以进行各种表面处理，制造出多种多样款式的产品，既有各种酒具、烛台、餐具、茶具，还能制作各种装饰品。现在锡多用于制造合金。

◀ 金属锡可用来制造各种生活用品，图中是一个锡壶。

▲ 一定比例的铜与锡混合可以铸造出青铜，锡使青铜合金熔点变低、易于加工的同时，也使其变得更坚硬。

◀锡铅合金的焊接性能优于纯锡镀层，被广泛应用于航空航天、电子电器行业。

▶锡被用来制作保鲜罐头的容器。

▲二氧化锡可用于制造搪瓷、白釉、乳白玻璃。

▼金属锡有光泽，还不易氧化变色，且具有净化、杀菌、保鲜的作用。图中是锡做的化妆盒。

▲ 焊锡可以用在焊接线路中，连接电子元器件。

▲ 图中的碗是由铜锡合金制成的，印度阿萨姆邦人将它用于家庭和宗教活动。

▲ 古代的缅甸人用锌锡合金制作硬币，硬币上描绘了日出的图样。

▼ 几十年前，某些含锡的合金就被用于补牙。

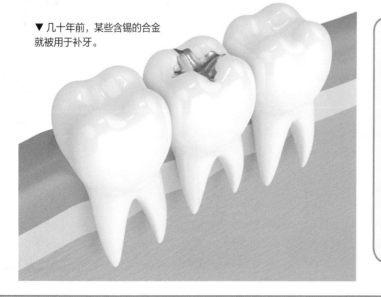

知识链接

锡在不同的温度下，会呈现不同的单质形态。锡在 −13.2~161℃的温度范围内性质最稳定，此时的锡就是最常见的白锡。温度高于160℃时，锡金属就是脆锡的形态，一碰就碎。如果温度降至 −13.2℃，锡就会变成煤灰粉状，此时的锡叫作灰锡。白锡向灰锡转变时，有一个奇特的现象，白锡只要接触灰锡，哪怕只有一点，整块白锡就会全转变为灰锡，就像具有"传染性"。不过把这种锡再熔化一次，就能恢复过来。

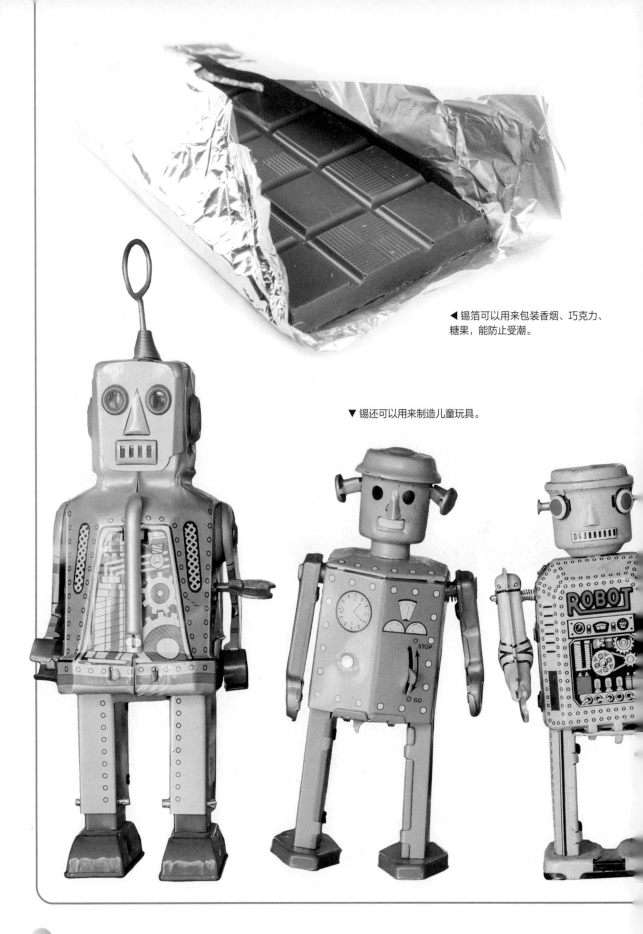

◀锡箔可以用来包装香烟、巧克力、糖果，能防止受潮。

▼锡还可以用来制造儿童玩具。

▶ 锡制美术品和工艺品，深受很多人的喜爱。图中是一个老式的机械锡鸟。

▼ 锡可以用来制造餐具。

82 Pb 铅（qiān）

铅是一种蓝灰色金属，密度大，质软，耐腐蚀，展性强，延性弱，可吸收 X 射线和 γ 射线等放射线。

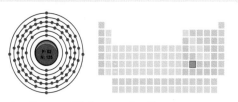

电子数：82　质子数：82　中子数：125

金属铅的导电性和导热性都很差，它在空气中很容易氧化，失去光泽。铅的熔点为 327℃，沸点为 1740℃。

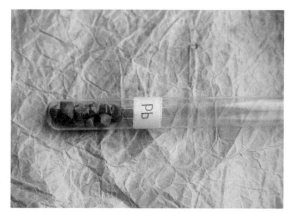

▲ 实验室玻璃试管中的灰色重金属铅片。

▲ 工厂生产的铅锭。

▲ 铅可以在纸上留下黑色的痕迹。

▲ 金属铅质软，可用金属刀雕刻。

▲ 待回收的金属铅，可熔融后重新利用。

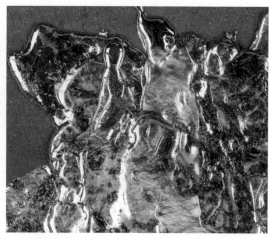

▲ 熔融状态的铅。

▲ 方铅矿是炼铅的最主要矿物原料，由于它的成分中常含有
银，所以也是银的主要来源之一。

▲ 辉银矿含有的主要元素是银和硫，矿物中有
少量的铅、铁、铜混入物。

▶ 铅的粉末。

知识链接

铅的熔点是 327℃，在温度超过 400℃后，液体铅中会逸出大量的铅蒸气，这些蒸汽在空气中会迅速氧化。

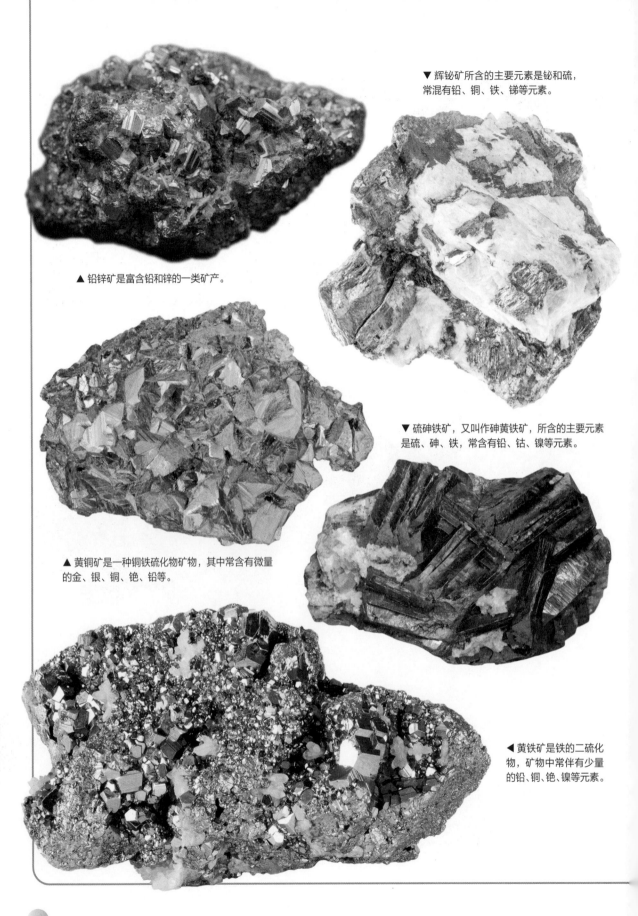

▼ 辉铋矿所含的主要元素是铋和硫，常混有铅、铜、铁、锑等元素。

▲ 铅锌矿是富含铅和锌的一类矿产。

▼ 硫砷铁矿，又叫作砷黄铁矿，所含的主要元素是硫、砷、铁，常含有铅、钴、镍等元素。

▲ 黄铜矿是一种铜铁硫化物矿物，其中常含有微量的金、银、铜、铯、铅等。

◀黄铁矿是铁的二硫化物，矿物中常伴有少量的铅、铜、铯、镍等元素。

铅的应用

铅以及它的化合物有着很广泛的用途，冶金、印刷、釉料、焊锡等作业中都需要用到铅及其化合物。

▲ 铅的抗腐蚀力很强，以前多用于管道，至今仍有一些古罗马人安装的铅管保存得很完好。

铅中毒

铅中毒一般是慢性的，铅中毒后会出现肌肉痛、腹痛、贫血、神经与大脑损伤等现象，还会引起腹泻与呕吐。儿童更容易从汽车尾气中吸入过量的铅。图中是待化验的含铅的血液样本。

◀铅可用于制造铅弹。

▼ 铅可以制作成称量重量的砝码。

▶ 铅可以阻隔 X 射线，常被用作电缆的外套。

193

铅盒

由于铅板密度高，构成铅板的颗粒之间只有非常小的缝隙，辐射的波长大于这个长度，就无法通过铅板，因而铅板能隔离辐射。利用这一性质制造的铅盒，可以用来放置放射性元素。图中的铅盒中放置的是可治疗甲状腺功能亢进的碘 –131 放射性同位素。

▲ 图中是产于 1952 年的机械式铅制便携打字机。

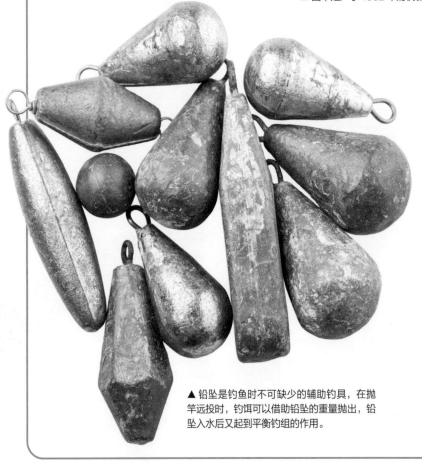

▲ 铅坠是钓鱼时不可缺少的辅助钓具，在抛竿远投时，钓饵可以借助铅坠的重量抛出，铅坠入水后又起到平衡钓组的作用。

▼ 子弹如果太轻，就很容易在发射出去后受到风的影响，改变方向，因而子弹的弹头里也常常会灌有铅。

194

▶ 金属铅可以作为焊料使用。

◀ 橡胶中加入铅制成的铅橡胶,能够隔离射线,可以制成各类 X 射线防护用品。防护手套就是用铅橡胶制成的。

◀ 铅可以用于制作铅基轴承。

▲ 铅的密度很大,铅球就是用铅做的。

◀ 氧化铅可以在塑料生产中用作稳定剂。

新年传统——倒铅

在德国、芬兰等国家，人们在除夕夜会进行一个"倒铅"游戏。他们会用燃烧的蜡烛使勺子里的铅融化，再迅速把融化的铅倒进冷水中，等铅凝固后捞出，他们认为铅的形状会预示新的一年的命运，比如，铅团形成船形，则表示新的一年适合去旅行，如果形状是一个球，就意味着好运。

▲ 铅的密度高，耐腐蚀，可以铺设在屋顶上。

◀氧化铅还可以在陶瓷釉料的生产中用作添加剂。

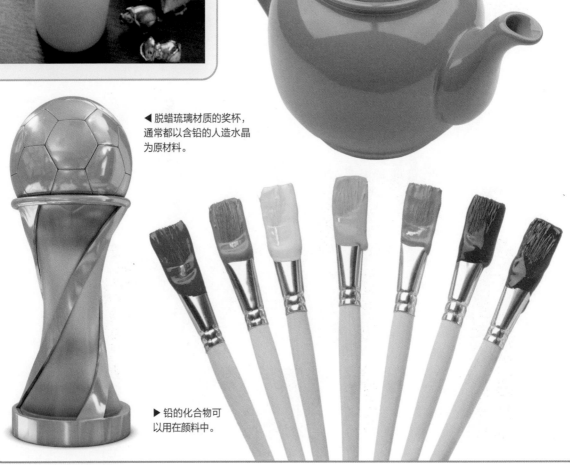

◀脱蜡琉璃材质的奖杯，通常都以含铅的人造水晶为原材料。

▶ 铅的化合物可以用在颜料中。

▲ 德国人古登堡发明了铅活字印刷机，促进了欧洲出版业的发展以及现代化进程。

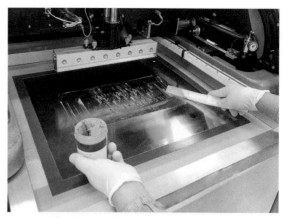

▲ 焊锡膏是一种含铅的灰色膏体，是由焊锡粉、助焊剂、表面活性剂、触变剂等混合而成的，可应用于电子元器件的焊接。

▲ 图中是铅制半导体引线框架，可以作为集成电路的芯片载体。

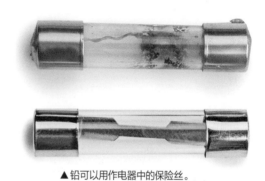

▲ 铅可以用作电器中的保险丝。

◀ 结晶玻璃是一类无色、透明、反射率高、光泽高的结晶态玻璃，铅可作为氧化物用于结晶玻璃中。

◀ 铅块可作为电风扇里的平衡块。

81 Tl 铊（tā）

铊是一种在自然环境中量很少的元素。铊质软、熔点低。铊的新鲜切面有金属光泽，常温下放置于空气中，颜色会很快变暗，呈蓝灰色，且在空气中久置表面会生成很厚的氧化物。

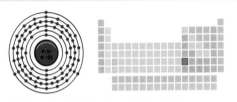

电子数：81　质子数：81　中子数：123

认识铊

铊可在盐酸和稀硫酸中缓慢溶解，在硝酸中迅速溶解。铊的主要化合物为氧化物、硫酸盐、硫化物、卤化物等。

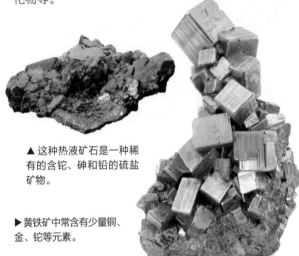

▲ 这种热液矿石是一种稀有的含铊、砷和铅的硫盐矿物。

▶黄铁矿中常含有少量铜、金、铊等元素。

铊的应用

铊被广泛用于冶金、化工、航天、电子、军工、通信等各个方面，在催化剂、光导纤维、辐射闪烁器、辐射屏蔽材料、光学透位和超导材料等方面也具有潜在的应用价值。

▶铊的硫化物对红外线特别敏感，可用于制造光敏光电管、红外线光敏电池等光敏器件。

知识链接

铊最初被用于医学领域，用于治疗头癣等疾病，后来人们发现它的毒性很大而将其作为杀鼠、杀虫的药剂，但在使用期间导致过许多患者中毒。1945 年后，为了避免铊化物污染环境，许多国家取消了铊在这些领域的应用。

113 Nh 钦（nǐ）

钦是 2003 年日本的研究人员利用线型加速器对锌原子加速，轰击铋原子时，合成的新元素。钦是一种不稳定的超重元素，其原子的原子核质量数是 278。

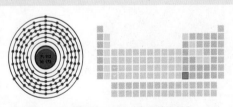

电子数：113　质子数：113　中子数：173

83
Bi 铋（bì）

铋是一种金属元素，其单质的外观呈银白色至粉红色，质脆，容易粉碎。自然界中的铋既有游离的金属态，也有矿物态。铋的化学性质较为稳定。

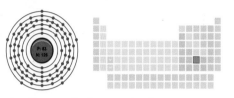

电子数：83 质子数：83 中子数：126

古希腊时期的人就已经开始使用金属铋了，他们用它作为盒子和箱子的底座。1556 年《论金属》一书中才提出铋是一种独立金属的看法。1757 年法国人日夫鲁瓦经过分析研究后，确定了铋是一种新元素。

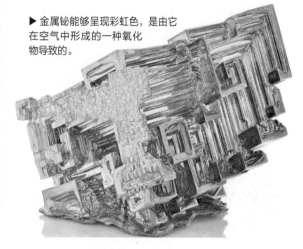

▶ 金属铋能够呈现彩虹色，是由它在空气中形成的一种氧化物导致的。

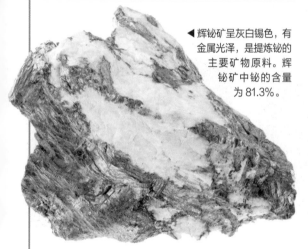

◀ 辉铋矿呈灰白锡色，有金属光泽，是提炼铋的主要矿物原料。辉铋矿中铋的含量为 81.3%。

▲ 铋有非常微弱的放射性，它的半衰期达到了 1.9×10^{19} 年。这说明有可能在人类灭亡之前，铋都不会有明显的衰变。

▶ 泡铋矿是碳酸铋矿物，为铋矿物的蚀变产物。泡铋矿一般是黄色的玻璃状晶体，也有的呈土状、壳状。

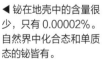

◀ 铋在地壳中的含量很少，只有 0.00002%。自然界中化合态和单质态的铋皆有。

铋的应用

金属铋具有熔点低、比重大、凝固时体积冷胀热缩等一系列的优良的特性，因而它在很多领域都有用途，比如冶金、电子、化工、宇航、医药等领域。

▶ 铋可以制成黄色的色素，用于颜料和各种化妆品等。

▲ 纯度达到 99.999% 的高纯铋可以用在核工业堆中，作为载热体或冷却剂，起到对原子裂变装置材料的防护作用。

▶ 冷藏箱中加入了碲化铋，通电时会使箱内温度降低，从而起到制冷效果。

▲ 南美洲的印加人在很早以前就懂得将铋加入青铜中，使青铜变得更加坚固。

◀生产玻璃的过程中，用铋代替铅，可以生产出环保的无铅玻璃，这类玻璃一般用于汽车上。

知识链接

世界主要的铋生产国有中国、哈萨克斯坦、日本、加拿大、墨西哥、秘鲁、澳大利亚、玻利维亚等。全球每年的铋产量约为 15000 吨，而中国的铋产量占据 70% 以上。

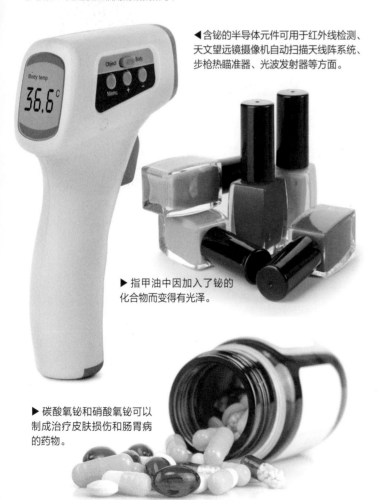

▲ 铋可以应用在医疗领域中，作为铅材的替代品，比如癌症放射疗法中使用的铅护板和Ｘ光透视照相用的铅围裙等。

◀含铋的半导体元件可用于红外线检测、天文望远镜摄像机自动扫描天线阵系统、步枪热瞄准器、光波发射器等方面。

▶ 指甲油中因加入了铋的化合物而变得有光泽。

▶ 碳酸氧铋和硝酸氧铋可以制成治疗皮肤损伤和肠胃病的药物。

铋中毒

铋的毒性很小，它的大多数化合物都难以被消化道吸收。贮存在体内的铋多会在数周至数月内随着尿液排出。人体吸收的铋在肾脏分布最多，因此铋引起慢性中毒时会导致肾炎，肾小管上皮细胞会受到损害，也可能会累及肝。

▼ 铋中毒多是由于治疗腹泻时服用了过量的碱式硝酸铋，或长期使用铋剂，多数患病情况都是儿童大量误服药物导致的。

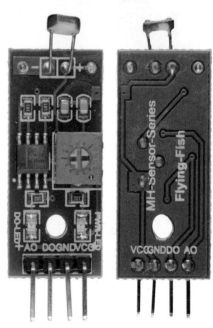

▲ 人工硫化铋可制造光敏电阻，用于光电设备中，能够增强其灵敏度。

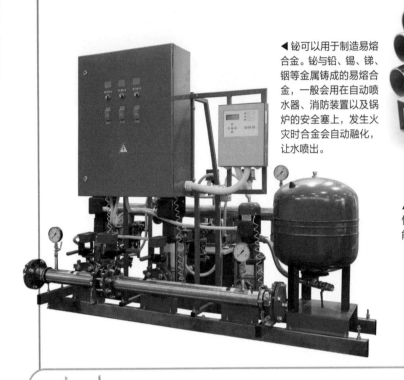

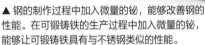
◄铋可以用于制造易熔合金。铋与铅、锡、锑、铟等金属铸成的易熔合金，一般会用在自动喷水器、消防装置以及锅炉的安全塞上，发生火灾时合金会自动融化，让水喷出。

▲钢的制作过程中加入微量的铋，能够改善钢的性能。在可锻铸铁的生产过程中加入微量的铋，能够让可锻铸铁具有与不锈钢类似的性能。

▶含铋的化合物可以用于生产制造消化药，治疗消化功能紊乱。

▼纯度在 99.15% 以上的氧化铋可作为重要的材料添加剂，应用对象主要包括陶瓷电容、氧化锌压敏电阻、铁氧体磁性材料，还可以作为红色玻璃配合剂、釉药橡胶配合剂等。

陶瓷电容   红色玻璃

115 Mc 镁（mò）

镁是一种人工合成的金属元素，具有放射性，是一种弱金属。镁是元素周期表 VA 族中最重的元素，但由于没有稳定样本，所以镁的性质难以进行试验验证。该元素是俄罗斯杜布纳联合核研究所在 2003 年发现的。2004 年 2 月 2 日，杜布纳联合核研究所联合美国劳伦斯利弗莫尔国家实验室组成的科学团队表示成功合成了镁。

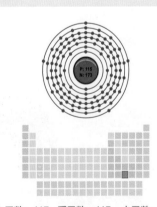

P: 115
N: 173

电子数: 115　质子数: 115　中子数: 173

84 Po 钋（pō）

钋是一种银白色金属，在地壳中含量约为100万亿分之一，是已知最稀有的元素之一，这种元素能在黑暗中发光。钋的主要获取方式是人工合成。

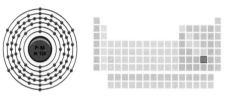

电子数：84　质子数：84　中子数：125

◀月球表面温度低，月球车在月球上时，由它内部的钋提供热量，来保持温度。

认识钋

钋由居里夫妇在1898年发现，他们为了纪念居里夫人的祖国波兰，而将这种元素命名为钋。钋是世界上毒性最强的物质之一。

◀这种铀矿中钋的含量为0.0000001%。

钋的应用

钋可以与铍混合作为中子源。钋能使空气发生电离，中和电荷，因而可作为静电消除剂，常用于工业设备。

▲含有钋的防静电毛刷，可用于给唱片和照相机镜头去除静电。

116 Lv 铊（lì）

铊是2000年俄罗斯杜布纳联合核研究所和美国劳伦斯利弗莫尔国家实验室共同合成的元素周期表上的第116号元素。为了确认这一新元素的存在，2000年7月19日，科学家在加速器上进行试验，合成了第116号元素，但该元素存在了0.05秒后就衰变了。

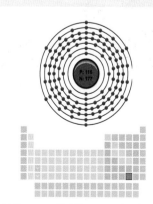

电子数：116　质子数：116　中子数：177

蓄电池

铅的一个很大的用途就是制造蓄电池。蓄电池以海绵状纯铅作为负极，含二氧化铅的铅板作为正极。蓄电池主要应用于电动车、摩托车、汽车、飞机、坦克、铁路、工厂等行业，其中，汽车用蓄电池占了绝大部分。

114 F1 铁 (fū)

铁是俄罗斯的杜布纳研究所和美国劳伦斯利弗莫尔国家实验室所发现的一种元素，它表现出惰性气体的特性。

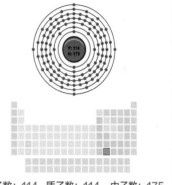

电子数：114 质子数：114 中子数：175

铁的命名

铁的命名是为了纪念苏联原子物理学家乔治·弗洛伊洛夫。

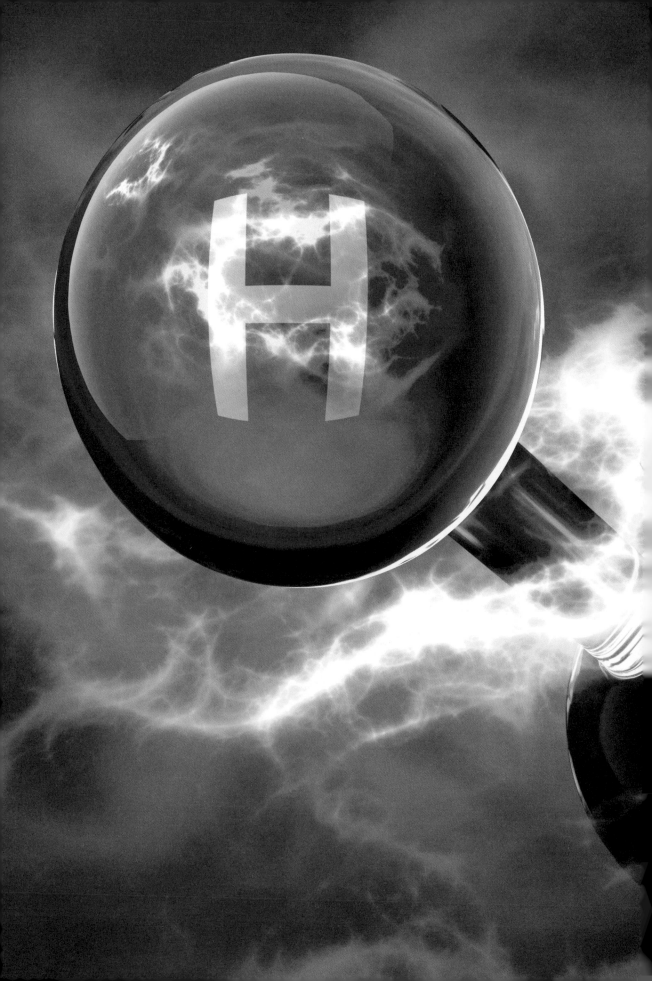

其他非金属元素

非金属元素多在元素周期表的右侧和上侧，除了卤族元素和稀有气体外，还包括氢、碳、氮、氧、磷、硫和硒。这类元素在室温下可以是气体，如氟、氦、氢等，也可以是固体，如碘、磷等，其硬度差别较大，有的很软，如硫，有的则非常硬，如碳的同素异形体之一——金刚石。

¹H 氢（qīng）

氢原子中只含一个质子，因而氢元素位于元素周期表的第一位。单质形态下，氢元素通常以氢气的形态存在。早在十六世纪，就有一名瑞士的医生发现了氢气，他还发现这种气体可以燃烧。但直到 1766 年，英国化学家卡文迪什才收集到氢气并进行研究。

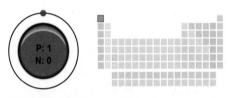

电子数：1　质子数：1　中子数：0

氢是最轻的元素，氢气是最轻的气体。氢元素在宇宙中大约占据 75% 的质量，是宇宙中含量最多的元素。

▶ 宇宙中氢原子的数目大约是其他元素原子数目的一百倍。处于主星序上的恒星，其组成成分大部分是等离子态的氢。太阳中，氢的含量大约占据了 71%。

▲ 在稠密星云中，存在着大量的分子状态的氢。恒星就是在这种星云中诞生的。

▲ 土星的主要组成元素是氢，土星的大气层中，氢含量高达 96.3%。土星的核心之上，有厚厚的液体金属氢层（百万大气压下的液态或固态氢具有类似金属的性质，因而称为金属氢）和液态氢。

氢气

氢气的熔点是 −259.125 ℃，沸点是 −252.882 ℃。常温下的氢气为无色气体。

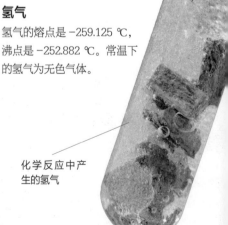

化学反应中产生的氢气

◀ 水是由氢和氧两种原子组成的。氢原子的质量约占水分子的 11%。

氢的应用

氢能跟大多数元素形成化合物，存在于几乎所有的有机物中。氢的用途广泛，可用于食品工业、医学、石化工业、航天工业等领域中。

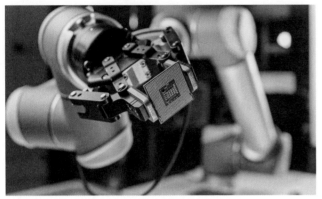

▲ 制造电子微芯片的过程中，可加入氢以除去加工过程中残留的氧。

▲ 氢是一种清洁能源，燃烧后只产生水，可用作燃料。燃料电池汽车就是一种主要以氢气为燃料的绿色环保型汽车。

▶ 火箭发射需要用到液氢燃料。

氢在自然界中的分布

氢在自然界分布广泛。虽然在空气中，氢气的含量大约只占总体积的一千万分之五，地壳里氢的质量也只占总质量的 1%，但按照原子百分数来算，氢的含量占到了 17%。水、石油、天然气、动植物体中都含有氢元素。

▶ 氢是重要的工业原料，可用于提炼石油、合成氨和甲醇等。图中液体是甲醇。

知识链接

氢气在混合气体中的体积浓度在 4.0%~75.6% 之间时，遇到火源就会发生爆炸。

6 C 碳 (tàn)

碳是人类最早接触和利用的元素之一。碳是非金属元素，在常温下性质稳定，不易与其他物质反应，对人体的毒性较低。

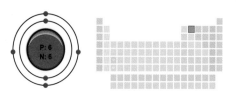

电子数：6　质子数：6　中子数：6

认识碳

自然形式下的碳单质有金刚石、炭和石墨，碳的化合物有煤、石油、天然气、二氧化碳、石灰石、白云石、动植物体等，种类很多，范围非常广。

▲ 金刚石俗称金刚钻，是钻石的原石。金刚石有各种颜色，它是天然存在的最坚硬的物质。

▲ 如果将金刚石加热到1000℃，它会缓慢地变成石墨。石墨可以在高温、高压下形成人造金刚石。

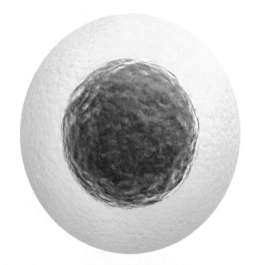

▲ 碳是组成生命的基本物质。

▲ 石墨外观呈灰黑色，化学性质稳定，不易跟酸、碱发生反应，抗腐蚀。

知识链接

碳-14是碳的同位素之一，它的半衰期长达5730年。生物存活期间，体内有一定量的碳-14，生物死去后体内的碳-14开始减少。通过测定一件古生物化石的碳-14含量，可以推测它的大概年龄。

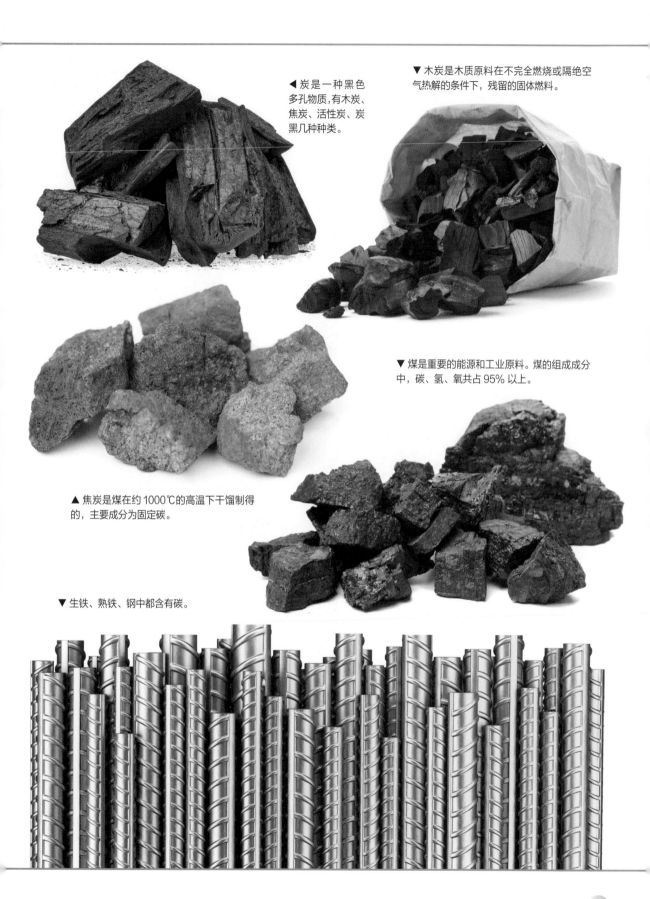

◀炭是一种黑色多孔物质,有木炭、焦炭、活性炭、炭黑几种种类。

▼木炭是木质原料在不完全燃烧或隔绝空气热解的条件下,残留的固体燃料。

▼煤是重要的能源和工业原料。煤的组成成分中,碳、氢、氧共占95%以上。

▲焦炭是煤在约1000℃的高温下干馏制得的,主要成分为固定碳。

▼生铁、熟铁、钢中都含有碳。

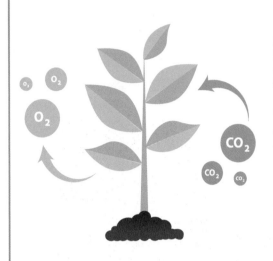

▲ 动植物呼吸会排出二氧化碳。

▲ 石油是一种深褐色的液体，质地黏稠，不可再生。石油所含的主要元素有碳、氢、硫、氧、氮等。

▲ 碳在自然界中分布广泛，地壳中碳的质量约占 0.027%。

▲ 活性炭是以木炭、竹炭、果壳和煤等为原料，通过一系列物理和化学处理而制成的一种优良的吸附剂。

▲ 二氧化碳是无色无味的气体，在大气中的含量约为 0.03%。地面上的二氧化碳气体主要来自含碳化合物的燃烧、动植物的呼吸以及发酵过程。

▲ 含碳物质不完全燃烧会产生一氧化碳，吸入一氧化碳会导致人中毒。

碳的应用

碳不仅参与方方面面的生命活动，也是组成各种生活用品及工业产品必不可缺的元素。

▲ 金刚石经过雕琢后，可以制作钻石饰品。

▲ 煤油灯的灯油中富含碳。

◀ 摇晃可乐时，可乐中的碳酸会分解成二氧化碳和水，二氧化碳溢出，我们就可以看到可乐中产生了许多气泡。

碳在自然界的循环

碳在自然界中的流动形成了一个循环。例如，植物通过光合作用吸收二氧化碳，储存生物质能，再经过捕食作用转移到其他生物体内，而动植物又通过呼吸作用将一部分碳以二氧化碳的形式呼出。再者，海洋中也会溶解一部分二氧化碳，而动植物的遗骸则可能会形成煤、石油和天然气，这些物质又可以通过燃烧释放碳。

碳循环

▲ 石墨制成的铅笔笔芯，能够在纸上留下颜色。

▲ 碳素笔写的文字保留的时间比较长，很多重要的文件都用碳素墨水书写，能保存较久。

碳原子的排列方式影响物质性质

碳的同素异形体很多，有石墨、金刚石、富勒烯、蓝丝黛尔石、碳纳米管、纤维碳等。碳原子不同的排列方式会使碳单质具有不同的外观和物理性质。

碳的同素异形体

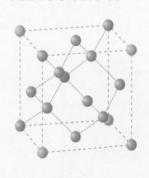

石墨

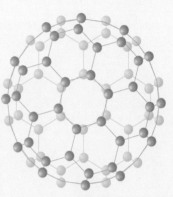

金刚石

富勒烯

▲ 石墨的组成结构为六个碳原子在同一层形成六边形，伸展为片状结构，层与层直接作用力较弱，易滑动，因而它质软、有滑腻感。

▲ 金刚石的组成结构为碳原子组成四面体形，相互连接，结构非常稳固，且金刚石中没有自由电子，所以它硬度大、熔点高、不导电。

▲ 富勒烯指的是一类完全由碳原子组成的中空分子，属于碳纳米材料，形状有球型、椭球型、柱型或管状。

◀ 二氧化碳可用于制造灭火器。二氧化碳从灭火器中喷出时，可以隔绝燃烧物与氧气的接触，达到灭火目的。

▼ 活性炭水壶具有过滤作用，能吸附液体中的致色物质以及各种较大的细菌、杂质。

▲ 石墨的片状晶体结构使它具有良好的润滑性能，所以石墨可以用来制造各种润滑剂。

▲ 碳纤维是一种含碳量高于 90% 的高强度高模量纤维，具有耐高温、抗摩擦、抗腐蚀等特性。

▲ 炭的吸附作用较强，可用于美容产品中。

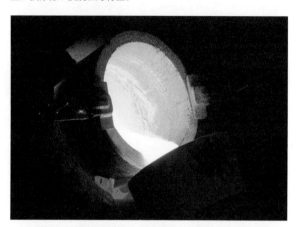

▲ 石墨还可以制造石墨坩埚，用来熔炼一些有色金属及其合金。

▶ 高纯度的石墨可以作为原子反应堆中的中子减速剂。

二氧化碳的排放对自然环境的影响

大气中的二氧化碳能够吸收地面长波辐射并向地面辐射波长更长的辐射，对地面起到了保温作用。人类排放的大量二氧化碳，会使温室效应日益增强。

▲ 温室效应不断加剧的后果是全球气候变暖，产生许多全球性气候问题，比如海平面上升，淹没沿海城市等。

▲ 我们可以做一些力所能及的事情，如随手关灯、节约用纸、买菜用布袋代替塑料袋、乘坐公共交通工具等，来降低生活中的碳排放。

▲ 一些牙膏中加入了活性炭的提取成分。

▲ 碳钢也叫碳素钢，是一类含碳量在 0.0218%~2.11% 的铁碳合金。碳钢可用于制作各种工具、机械零件等。

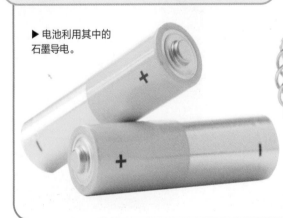

▶ 电池利用其中的石墨导电。

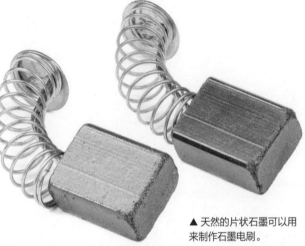

▲ 天然的片状石墨可以用来制作石墨电刷。

▲ 金刚石锯片可用于切割石材、混凝土、预制板、陶瓷等硬脆材料。

▲ 塑料袋的成分一般为聚丙烯、聚酯、尼龙等，富含有碳元素和氢元素。

▶ 活性炭上有很多小孔，因而它具有吸附和过滤的作用，可用于净化空气等。

▶ 活性炭防毒面具可以保护人们免受粉尘和有害气体的危害。

钻石

钻石的成分是碳，它是唯一的由单一元素组成的宝石。纯净的钻石是无色透明的，混入微量元素则会呈现不同的颜色。钻石是硬度最高、最坚硬的天然矿物，但它的脆性也相当高，受到重击后会破裂。图中是金伯利岩中所含的天然钻石。

氮 (dàn)

7 N

氮在自然界中广泛存在，是空气中含量最丰富的元素。在生物体内，氮也发挥着极大的作用，是氨基酸的基本组成元素之一。

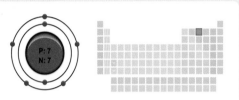

电子数：7　质子数：7　中子数：7

地壳中氮的含量很少，自然界中的氮多是以氮气的形式存在于大气中。氮气在空气中的体积含量约占78%。

▲ 土星最大的卫星土卫六的大气中，含有 48% 的氮。

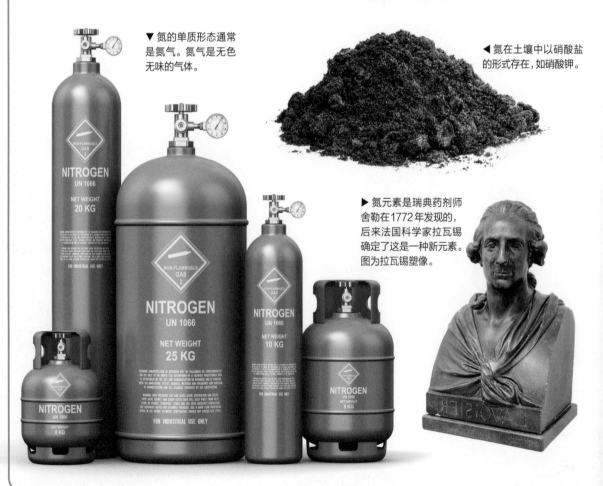

▼ 氮的单质形态通常是氮气。氮气是无色无味的气体。

◀氮在土壤中以硝酸盐的形式存在，如硝酸钾。

▶氮元素是瑞典药剂师舍勒在1772年发现的，后来法国科学家拉瓦锡确定了这是一种新元素。图为拉瓦锡塑像。

▲ 当温度低于 −195℃时，氮气就会变成无色透明的液体。

▲ 氮气的蒸汽排出时的情形。

▲ 根瘤是生长在植物根系上的一种特殊的瘤，由根瘤菌与植物共生而形成，根瘤菌能将游离的氮转变为含氮化合物供植物使用。

氮的应用

氮的主要用途是合成氨，制造硝酸，作为冷冻剂以及在多个领域中作保护气。

◀ 氮气是合成橡胶、合成树脂和合成纤维（腈纶、锦纶）等的重要原料。

▲ 高纯氮可以作为载气和保护气用于半导体硅片、大规模集成电路、彩电显像管、液晶等的生产过程中。

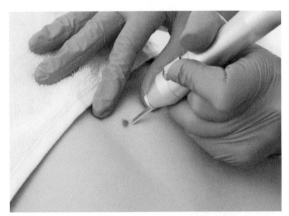

▲ 液氮可以用于冷冻疗法中。液氮冷冻治疗是通过极速冷冻来杀死病区细胞或病毒，使之恢复正常的疗法，一般用于治疗鸡眼、疣体或化脓性肉芽肿、神经性皮炎以及皮肤病等。

▲ 食品包装袋中充入氮气可用于防腐。氮气本身不活泼，无法为细菌提供适合的生存条件，又为食品隔绝了空气，因而能使霉变细菌无法生存，达到防腐的效果。

▲ 液氮可以作为超导制冷剂，来制造超导体。图中演示的是量子磁悬浮效应中用液氮使陶瓷超导体冷却的过程。

▲ 利用液氮的低温特性，可以快速冷冻食物或者处理一些需要低温制作的食材，比如制作冰激凌、饮品及各种食物料理。

▲ 氮气可用于粮食储藏。与传统的磷化氢熏蒸方式相比，氮气储粮更加安全、经济、有效。

▲ 氮气可以作为焊接金属时的保护气。

▲ 啤酒酿造要求无氧环境，氮气是一种惰性气体，能防止啤酒在酿造过程中氧化，还能改善啤酒的口感，使泡沫更细腻。

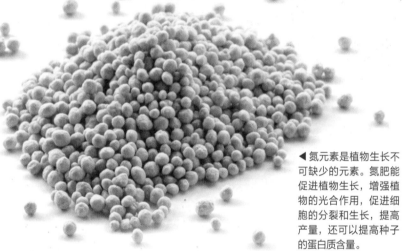

◀ 氮元素是植物生长不可缺少的元素。氮肥能促进植物生长，增强植物的光合作用，促进细胞的分裂和生长，提高产量，还可以提高种子的蛋白质含量。

▼ 氮元素在医药工业中，可以作为生产维生素、氨基酸、磺胺类药物的原料。

▲ 将氮气充灌在电灯泡里，能起到防止钨丝氧化以及减慢钨丝挥发速度的作用，有助于延长灯泡的使用时间。

知识链接

博物馆中的一些珍贵的画册、书卷也常保持在充满氮气的圆筒里，这样书页中的蛀虫就会被闷死在氮气中。

▲ 液氮可用于人工增雨，液氮温度低，气化时会吸收大量热量，从而达到温度降低、形成降水的效果。

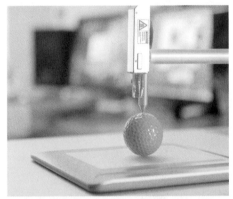

▲ 将加压后的氮气注入油气田井，能够增加地质压力，提高油田产量。

▲ 氮气还能应用于 3D 打印行业，它可以在 3D 打印时为打印喷头降温，操作方便、稳定，还能提高打印产品的品质。

▲ 液氮还可以作为火箭燃料的推送剂。

氮元素在自然界的循环

自然界中氮单质和含氮化合物的相互转换过程称为氮循环。陆地氮循环的主要环节是：生物体内有机氮的合成、氨化作用、硝化作用、反硝化作用和固氮作用。

▼ 固氮作用指的是分子态氮被还原成氨及其他含氮化合物的过程。自然界中有非生物固氮和生物固氮两种固氮方式，前者通过闪电、高温放电等方式固氮，后者通过固氮微生物将无机氮转化为有机氮。

▼ 氧气不足时，土壤中的硝酸盐则会被微生物还原成亚硝酸盐，并进一步还原成氮气回到大气中，这一过程叫作反硝化。

▼ 有机氮的合成指的是植物从土壤中吸收铵盐和硝酸盐，并将其中的氮同化成植物体内的有机氮。

固氮作用

$$N_2 + 8H^+ + 8e^- \rightarrow 2NH_3 + H_2$$

反硝化（脱氮）作用

$$NO_3^- \rightarrow NO_2^- \rightarrow NO \rightarrow N_2O \rightarrow N_2$$

氮循环

硝化作用

$$NH_3 + O_2 \rightarrow NO_2^- + 3H^+ + 2e^-$$
$$NO_2^- + H_2O \rightarrow NO_3^- + 2H^+ + 2e^-$$

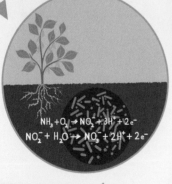

▲ 硝化作用指的是氧气充足的条件下，土壤中的氨或铵盐经过硝化细菌的作用被氧化成硝酸盐的过程。

氮素同化作用

$$NO_3^-$$
$$NO_2^-$$

▲ 动物通过捕食作用，从植物体内获得有机氮。

氨化作用

$$NH_4^+$$

▲ 动植物遗体、残落物、排出物中的含氮有机化合物经过微生物的分解后形成氨，叫作氨化作用。氨化作用和硝化作用中产生的无机氮又能被植物重新吸收利用。

15
P
磷（lín）

磷是维持骨骼和牙齿所必需的物质，几乎所有生理化学反应都需要磷的参与。

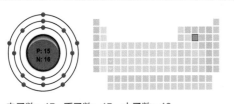

电子数：15 质子数：15 中子数：16

磷的单质有几种同素异形体。白磷为无色或淡黄色的透明结晶固体，在暗处会发出磷光，有剧毒；白磷在高压、加热的条件下会变成有金属性质的黑磷；红磷为红棕色粉末，无毒。

▶ 磷灰石是一类含钙的磷酸盐矿物。

▲ 水体中磷的超标会导致微生物疯长，晚上大量藻类呼吸会消耗过多的氧，使鱼类缺氧死亡。

▶ 磷酸钙使动物的骨头变得坚硬。

◀ 酵母中含有 B 族维生素、磷、铁、镁、锌、钾等营养成分。

▶ 金枪鱼中富含磷。

226

磷的应用

在生物领域，磷是动植物所需的一种重要营养素；在军事领域，磷可用于制造燃烧弹等多种武器和装备。

磷脂

磷脂指的是含有磷酸的脂类，它由碳、氢、氧、氮、磷五种元素组成。磷脂可与蛋白质、糖脂、胆固醇等分子构成磷脂双分子层，磷脂双分子层是构成细胞膜的基本支架。

▲ 早期人们用白磷制作火柴头，不过白磷有毒，现在换成了安全的材料。现在的火柴盒侧边的摩擦层中含有红磷。

◀ 磷虾油富含 EPA 和 DHA、胆碱、磷脂、虾青素，常作为营养食品与保健食品的原料。

▲ 卵磷脂是磷脂的一种，有增强大脑活力、平衡血脂等作用，常见于蛋黄和植物种子中。

◀ 陶瓷中含有磷酸钙。

植物缺磷的症状

植物缺磷会使得植株矮小，生长慢，尤其是地下的根系部分受到严重的抑制；植株的叶子会呈暗绿色或紫红色，没有光泽；植株开花、结果较少；种子干瘪不饱满，粒重下降等。

▲ 喷洒某些含磷的化合物能够杀灭农业害虫。

▶ 次磷酸钠可用于稳定塑料的颜色以及塑料的脱色等。

▲ 农作物施用适量磷肥，能够增加产量。

▶ 富有韧性的光纤是由含磷的玻璃制成的。

▲ 红磷可用于制造烟花。

▲ 黄磷可用于制作灭鼠药。

▶ 磷酸铵能够起到灭火的作用。

▲ 磷酸可用于电子晶片、液晶面板部件的清洗。

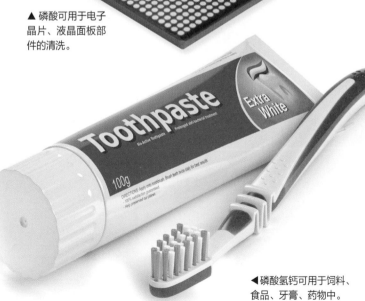

◀磷酸氢钙可用于饲料、食品、牙膏、药物中。

知识链接

纯白磷是无色透明的晶体，白磷遇光后会逐渐变黄，所以白磷也被称为黄磷。黄磷有剧毒，吞食 0.1 克就能致人死亡，若是皮肤经常接触磷单质也会引起中毒。

8 O 氧（yǎng）

氧是生物界与非生物界最重要的构成元素。氧的非金属性和电负性仅次于氟，除了氦、氖、氩、氙，其他元素都能跟氧发生反应。

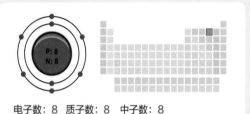

电子数：8　质子数：8　中子数：8

认识氧

常见的氧的单质是两个氧原子结合形成氧气。氧气是一种无色无臭无味的气体，化学式为 O_2。单质氧在大气中的占比为 20.9%。

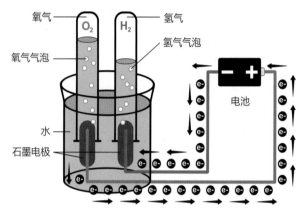

氧气　　　　氢气
O_2　　H_2
氧气气泡　　　氢气气泡
水
石墨电极
电池

▲ 水在通电状态下，可以被电解成氢气和氧气。

OXIDIZING GAS 2

OXYGEN
UN 1072

NET WEIGHT
25 KG

FOR INDUSTRIAL USE ONLY

▲ 大多数有机化合物都能在氧气中燃烧，生成水蒸气和二氧化碳，例如甲烷、酒精。有一部分有机物是不可燃的，但也可以和氧气等氧化剂发生氧化反应。

▲ 构成动物牙齿、骨骼、壳的主要无机化合物中也含有氧元素。

▲ 氧是地壳中含量排第一的元素，其质量占了整个地壳质量的 48.6%。地壳中的氧基本上都是以氧化合物的形式存在的。

▲ 水中氧元素的质量占据了总质量的 89%。

▲ 绝大部分复杂生物的细胞呼吸作用都需要氧气的参与。

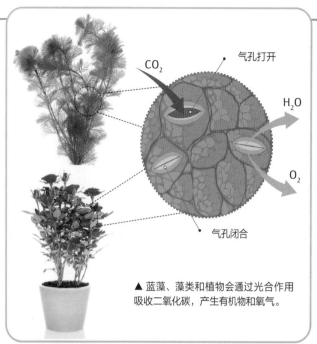

▲ 蓝藻、藻类和植物会通过光合作用吸收二氧化碳，产生有机物和氧气。

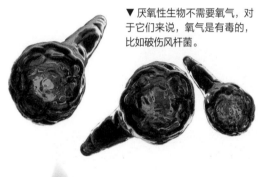

▼ 厌氧性生物不需要氧气，对于它们来说，氧气是有毒的，比如破伤风杆菌。

◀ 燃烧是一种发光发热的氧化还原反应，需要氧气的参与。

▲ 按照质量计算，氧在宇宙中的含量排第三位，仅次于氢元素和氦元素。

▲ 一些物质如果长时间浸润在液氧中，可能会发生爆炸，比如沥青。

▲ 臭氧，化学式为 O_3，氧元素的另一个同素异形体是臭氧。在高海拔形成的臭氧层能够隔离来自太阳的紫外线辐射。臭氧层是大气层的平流层中臭氧浓度高的层次。

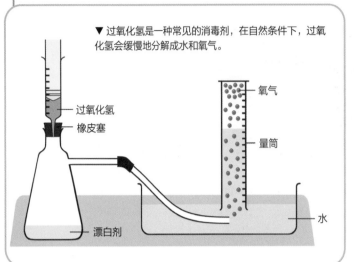

▼ 过氧化氢是一种常见的消毒剂，在自然条件下，过氧化氢会缓慢地分解成水和氧气。

过氧化氢

橡皮塞

漂白剂

氧气

量筒

水

▲ 液态的氧是天蓝色的。

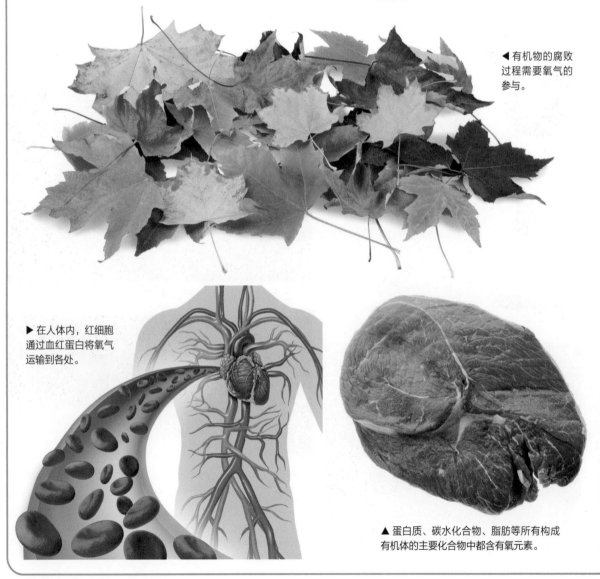

◀ 有机物的腐败过程需要氧气的参与。

▶ 在人体内，红细胞通过血红蛋白将氧气运输到各处。

▲ 蛋白质、碳水化合物、脂肪等所有构成有机体的主要化合物中都含有氧元素。

氧的应用

氧及其化合物分布广泛，在各种行业和领域都有着重要的应用。

▲ 炼钢时，钢水中可能会掺杂着一些杂质，可以利用纯氧来燃烧掉这些杂质。

▲ 氧气在生产合成氨时，可用于原料气的氧化，以便强化生产工艺过程，提升化肥的产量。重油的高温裂化、煤粉的气化等过程也需要氧气。

◀ 内燃机通过吸入氧气和燃料，进行燃烧反应，产生动力来推动车轮运转。

▶ 医用氧气瓶中存储着氧气，提供给病患使用。

◀ 在水泥生产中加入氧气，不仅可以增加产量，还更加环保。

知识链接

目前已知的氧的同位素有十七种，包括氧 −12 至氧 −28。这些同位素中，氧 −16、氧 −17 和氧 −18 属于稳定型，其他的同位素都有放射性，半衰期全部少于三分钟。

▼ 火箭中携带着液氧，液氧与火箭燃料燃烧后会产生巨大的能量，来推动火箭升空。

▲ 高山地区空气稀薄，到高海拔地区去的人，需要适量吸一些氧气，以适应空气中含氧量的变化。

▲ 飞机上，乘客的座位上方放置着氧气面罩，当飞机遇到危险时，氧气面罩会自动脱落，乘客可用其保证呼吸的氧气量。

▲ 乙炔中混入氧气，燃烧时氧炔焰能产生超过3000℃的高温，能够使金属熔化，用于焊接或切割金属。

▲ 潜水运动员携带的氧气瓶，可为他们在水下运动提供氧气，延长水下活动的时间。

▲ 在鱼类养殖时，往鱼塘里加入氧气，可以增加养殖密度。

氧中毒

虽然氧对人体非常重要，但也不是越多越好，氧气含量过高会使人发生氧中毒。氧中毒主要有三种类型。

肺型氧中毒：类似支气管肺炎，有气管刺激、呼吸困难等症状。

脑型氧中毒：有面部肌肉的纤维性颤动、面色苍白、恶心、呕吐、眩晕、视野缩小、幻视、幻听、心悸、虚脱等症状。

眼型氧中毒：表现为视网膜萎缩。

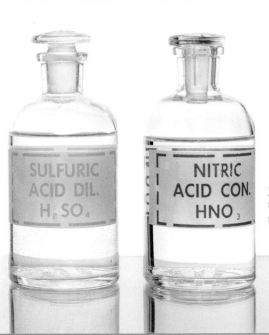

◀ 氧气也是生产硫酸、硝酸等化工产品所需的原料。

▶汽车用的防冻液中，加入了含氧化合物，能够防止发动机中的水被冻结上。

极光

极光是空气中的氧原子被太阳带电粒子流撞击时天空中出现的绚丽的光彩。极光发生在北极就称为北极光，发生在南极称为南极光。不只地球上有极光，太阳系内有些有大气或磁场的行星也会发生极光现象。图中是挪威罗弗敦群岛出现的北极光。

16 S 硫（liú）

硫在自然界中分布广泛，通常会以单质、硫酸盐、硫化物的形式存在。按质量算，地壳中硫的含量为0.048%。

电子数：16　质子数：16　中子数：16

自然界中的硫单质主要存在于火山周围地区。硫单质易溶于二硫化碳，微溶于乙醇，难溶于水。

▲ 单质硫又称为硫黄，为淡黄色脆性结晶或者淡黄色粉末，有特殊的臭味。

◀ 天青石有无色透明或蓝、绿、橙、黄绿、浅蓝灰等颜色，主要成分为硫酸锶和硫酸钡，常常还含有钙、铁等元素。

▲ 明矾石是一种成分复杂的硫酸盐矿物，可用来制取明矾，也可用来炼铝、制造钾肥、硫酸。

◀ 黄铁矿的主要成分是二硫化铁，外观呈浅黄铜色，有明亮的金属光泽。

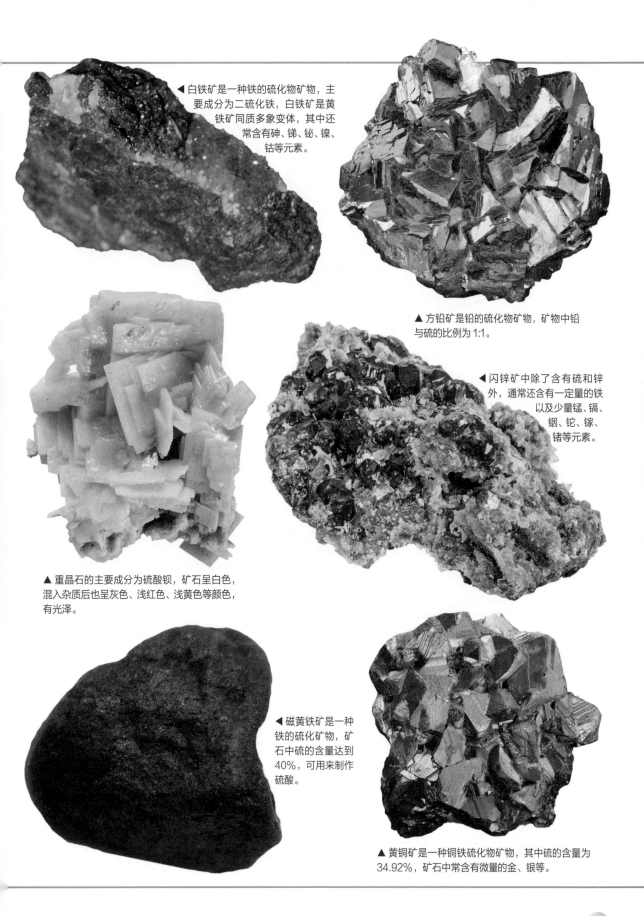

◀ 白铁矿是一种铁的硫化物矿物，主要成分为二硫化铁，白铁矿是黄铁矿同质多象变体，其中还常含有砷、锑、铋、镍、钴等元素。

▲ 方铅矿是铅的硫化物矿物，矿物中铅与硫的比例为1:1。

◀ 闪锌矿中除了含有硫和锌外，通常还含有一定量的铁以及少量锰、镉、铟、铊、镓、锗等元素。

▲ 重晶石的主要成分为硫酸钡，矿石呈白色，混入杂质后也呈灰色、浅红色、浅黄色等颜色，有光泽。

◀ 磁黄铁矿是一种铁的硫化矿物，矿石中硫的含量达到40%，可用来制作硫酸。

▲ 黄铜矿是一种铜铁硫化物矿物，其中硫的含量为34.92%，矿石中常含有微量的金、银等。

▲ 煤和石油中通常都含有硫元素，燃烧时会产生二氧化硫。

▲ 切洋葱时眼睛会流泪是因为洋葱释放出的硫化合物刺激了眼睛。

◀大多数蛋白质中都含有硫，鸟的羽毛也是由蛋白质构成的，其中就含有硫。

▼硫存在于人体的每一个细胞中，它有助于维护头发、皮肤、指甲的健康、光泽，帮助脑功能正常运作。

▼臭鼬释放出的液体中含有硫化合物，味道非常难闻。

▲ 达纳吉尔凹地处于东非大裂谷的最北端、埃塞俄比亚的东北部。20世纪初，一系列新的火山活动使达纳吉尔凹地的达罗拉地区形成了独特的火山地貌。火山喷发造成地下熔岩携带着黄色的硫黄喷涌而出，和红色的氧化铁、白色的盐结晶共同构造了令人惊叹的色彩。

▲ 火山爆发时，会将大量的硫从地下带到地面，火山口的臭鸡蛋气味是硫化氢气体的味道。

▲ 硫的熔点为112℃，沸点为444℃。图中是管道中流出的液体硫。

硫的应用

硫对人的生命活动具有重要的意义，在工业生产中也有很重要的应用。

▶ 在 4000 多年前，埃及人已经学会用硫燃烧后产生的二氧化硫来漂白布匹了。

◀ 部分抗生素中含有硫化合物，能够杀死病菌。

▲ 利用硫化碱可制作硫化染料，主要用于棉纤维、棉维混纺织物的染色，成本低廉，且染品耐洗耐晒。

▲ 铅酸蓄电池中含有浓硫酸，作为电解液。

◀ 二氧化硫具有漂白食物和防腐的作用，但用法用量必须严格按照国家标准，不然会对人体健康造成危害。

◄ 硫和氮、磷、钾等元素一样，都是农作物生长不可缺少的重要营养素，能够改善农作物的品质，提高产量。

▲ 硫化物还可以用于造纸业中，参与纸张的漂白。

▼ 天然橡胶经硫黄硫化后，耐磨性和弹性会变得更好，因而可用于轮胎、胶鞋、胶垫、胶管等橡胶制品的制作。

▲ 硫酸镁可以添加到肥皂中，起到润滑剂的作用。

◄ 二氧化硫可以抑制植物性食品内的氧化酶，可用于葡萄酒和果酒的酿造，不过用量不可超标。

知识链接

对人体而言，天然的硫单质是无毒无害的，而硫化物通常有剧毒，像稀硫酸、硫酸盐、亚硫酸和亚硫酸盐，都是有毒的。浓硫酸还能腐蚀人体皮肤。

酸雨

煤、石油、天然气等化石燃料的燃烧，会产生二氧化硫及二氧化氮，造成酸雨的形成。酸雨对生态环境有着巨大的威胁，它能够使湖泊的水质变酸，致使水生生物死亡；使土壤变得贫瘠；侵蚀树木，造成大面积的树木死亡；还会危害人体健康。

▼ 一些面霜中含有硫化合物，能够止痒、润肤、抑制细菌。

▶ 某些蜡烛的成分中含有硫，燃烧时可以驱赶害虫。

▼ 硫黄是制作鞭炮、火药的重要成分之一。

▲ 二氧化硫能够抑制霉菌和细菌的滋生，可用二氧化硫的粉末保存干果。

▲ 硫具有杀虫止痒的功效，泡硫黄温泉还有医治皮肤病的作用。

▲ 二氧化硫还可以作为有机溶剂、冷冻剂，用于各种润滑油的精制。

▲ 石硫合剂（硫黄、石灰）能够杀灭果树上的害虫，可用于配制农药。

34
Se 硒（xī）

硒是一种准金属元素，其单质呈红色或灰色，有金属光泽。目前已知硒单质有六种固体同素异形体。

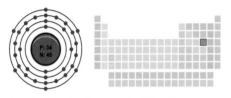

电子数：34　质子数：34　中子数：45

硒在自然界有无机硒和植物活性硒两种存在方式。无机硒是从金属矿藏的副产品中获得的，一般指亚硒酸钠和硒酸钠；植物活性硒是通过生物转化与氨基酸结合而形成的，多以硒代蛋氨酸的形式存在。

▲ 硒单质的熔点为 221℃，沸点为 684.9 ℃。图中为实验室中提纯的灰硒块。

▲ 这些坚果中硒的含量很丰富。

◀ 硒具有催化并消除对眼睛有害的自由基物质的作用，对眼睛健康有一定的保护作用。若人眼长期缺硒，就会影响眼睛细胞膜的完整，导致视力下降和诸多眼部疾病。

知识链接

硒在空气中燃烧会生成二氧化硒，火焰呈蓝色。硒可以与氢、卤素直接作用，跟金属也能直接化合。硒可溶于浓硫酸、硝酸和强碱中，但是不能与非氧化性的酸作用。

硒的应用

硒是炼铜过程中的副产品，产量增长并不快，供应量有限，但它的用途十分丰富，可应用于玻璃、陶瓷、冶金、电子、饲料、太阳能等众多领域。

▶ 洗发水中加入了含硒的化合物，具有去除头皮屑的功效。

◀ 这种计算器使用的电池是硒和镍制成的太阳能电池。

▼ 办公室里的打印机，很多都用了硒粉。

▲ 硒常用于玻璃工业中做脱色剂。利用硒可以使玻璃呈红色的性质对玻璃颜色进行调和，可以制造出无色、古铜色、灰色、粉红色等不同颜色的玻璃。

◀ 陶瓷釉料中加入了红色的硒，使得陶瓷的颜色更加鲜艳。

▲ 硒可作为橡胶生产过程中常用的硫化剂，以增加橡胶的耐磨性。

补硒

硒具有抗氧化、增强人体免疫力、延缓衰老、排毒解毒等作用，还具有一定的抗癌功效。人体每天应摄入 50~250 微克硒，如果硒摄入不足，会影响健康。补硒有食补和药补两种方式，前者是指通过食用富含硒的食物来满足人体对硒的需求，后者是指服用某些补硒产品。

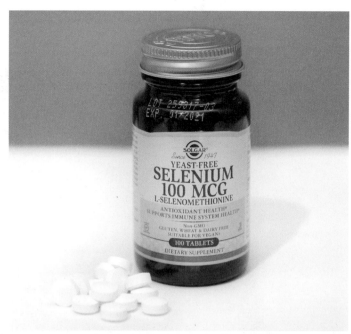

▶ 人体缺硒较为严重时，需要服用补硒产品。

▼ 猪肉、鸡蛋、大蒜、海鲜等食物中都含有较多的硒元素。

准金属元素

准金属元素又叫半金属元素、类金属元素，主要包括硼、硅、锗、砷、锑和碲。这类元素的特性介于金属元素和非金属元素之间，它们的外观看起来像金属，具有金属光泽，且质脆，易碎裂，但在化学反应中却表现出金属和非金属两种不同的性质。

5 B 硼 (péng)

硼是元素周期表第三主族中唯一的非金属元素。单质硼有多种同素异形体，有晶体态，也有无定形态。地壳中硼的含量为0.001%。

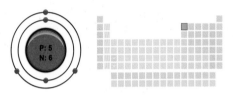

电子数: 5 质子数: 5 中子数: 6

P: 5
N: 6

单质硼的熔点为2076℃，沸点为3927℃。晶体硼的硬度很大，电阻高，但导电性能会随着温度的升高而增强。

▲ 由于硼原子的排列方式多种多样，硼表现出了复杂的形态，有的像是金属碎片，有的像熔融的金属残渣，有的像锈蚀的铁粉。

▼ 钠硼解石是一种常见的硼酸盐矿物，这种矿石晶体一般是无色透明的，有玻璃光泽。

▲ 硅硼钙石是一种钙硼硅酸盐矿物，颜色有无色、白、粉、浅黄、浅绿、紫、褐、灰色等。

▲ 硬硼钙石是一种含水钙硼酸盐矿物，颜色一般为白色、黄色和灰色，有玻璃光泽。

▲ 硼砂是一种重要的含硼矿物。

▲ 死谷是位于美国加利福尼亚州的一处沙漠，此地有丰富的硼矿。

硼主要用于生产硼砂、硼酸以及硼的各种化合物，广泛应用于建材、冶金、电器、化工、机械、核工业、农业、医药等领域。

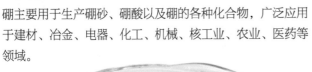

▲ 硼酸有杀菌作用，可用于硼酸皂的生产。

▲ 三氧化二硼能增强玻璃的硬度。

◀ 硼元素充足的情况下，玉米生长良好，籽粒饱满，硼元素不足的玉米则长势很差。

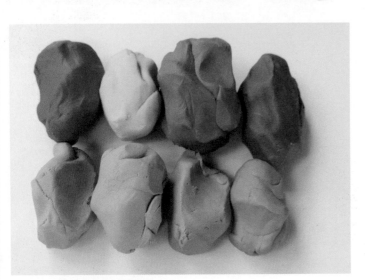

▲ 雕塑土中的硼使它结实而有弹性。

硼元素是形成核糖核酸的必需品，因而它是构成生命的重要基础物质。对人体而言，硼有助于维持骨的健康，辅助钙、磷、镁的正常代谢。

▲ 硼在瓜果蔬菜中普遍存在。

▲ 中国古代就已将硼砂用作药物，称为蓬砂或盆砂。

◀ 碳化硼是一种非常坚硬的材料，坦克的防护装甲中就含有碳化硼。

知识链接

硼在地壳中的含量虽然不高，但硼矿物的开采储量却很高，现已超过10亿吨。

硼的发现

1808 年，英国化学家戴维在电解硼酸盐溶液时，发现了硼元素，之后他用电解法制取了棕色的硼单质。法国化学家盖·吕萨克和泰纳也在同一年用金属钾还原无水硼酸制取了单质硼。

▲ 由富含硼的玻璃做成的显示屏，不容易被划伤。

▲ 硼酸粉可用作消毒防腐剂，也是一种无刺激性的外用药，可用于伤口消毒及婴儿湿疹等。

▼ 磷化硼可用于制造热敏元件以及二极管。

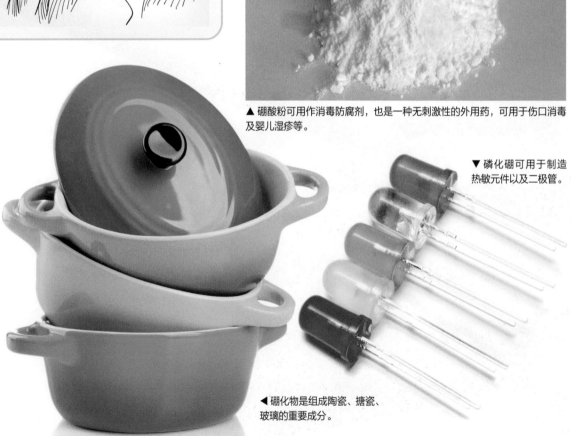

◀ 硼化物是组成陶瓷、搪瓷、玻璃的重要成分。

◀三乙基硼烷是一种液体火箭燃料，在低温和高温下都能稳定燃烧。

▲土壤中如果缺少硼元素，作物会出现只长花苞而不开花结果的现象。

▼大柴旦湖位于柴达木盆地东北部，也叫大柴达木湖、依克柴达木湖。大柴旦湖是一个硫酸镁亚型盐湖，也是一个富硼盐湖，硼、锂含量很高。湖北部的硼矿分布呈鸡窝、条带状，矿产埋藏很浅，适合露天开采。

Si 硅（guī）

14

硅有晶态和无定形两种形式。晶态硅硬而脆，熔点为 1410℃，沸点为 2355℃。无定形硅呈粉末状，灰黑色，实际上是微晶体。

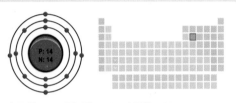

电子数：14　质子数：14　中子数：14

硅是一种极为常见的元素，它很少以单质的形式出现在自然界，而是多以硅酸盐或二氧化硅的形式存在，岩石、砂砾、尘土中都含有硅。

▲ 晶体硅的电导率会随着温度的升高而增加，在 1480℃左右时，电导率达到最大。

◀石英的主要成分是二氧化硅。

▲ 非晶硅，也就是无定型硅。用镁还原二氧化硅，可以制得无定形硅。

▲ 硅是宇宙含量占第八位的元素。

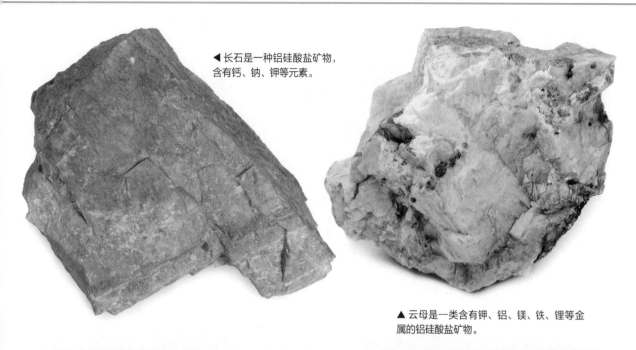

◀ 长石是一种铝硅酸盐矿物，含有钙、钠、钾等元素。

▲ 云母是一类含有钾、铝、镁、铁、锂等金属的铝硅酸盐矿物。

▲ 地壳的主要部分都是含硅的岩石层，硅元素占地壳总质量的 26.4%，是地壳中第二丰富的元素。

▼ 石榴石是一种硅酸盐矿物，其晶体的颜色、形状与石榴籽十分
相似，因此而得名。

▲ 橄榄石是一种天然宝石，是镁与铁的硅酸盐矿物，
主要成分为铁、镁、硅，还可能含有锰、镍、钴等元素。

▲ 蛋白石是含 5%~10% 的水分的天然硬化的二氧化
硅胶凝体，蛋白石不同于多数宝石，它属于非晶质。

▲ 石棉是天然的纤维状的硅酸盐类矿物质的总称。

▲ 蓝色硅胶因含有少量氯化钴而存在潜在的毒性，要避免
吸入口中或与食品接触。

▲ 玛瑙的主要成分是二氧化硅，常在水化二氧化硅（硅酸）交叠的情况下形成不同的层次。由于其中夹杂着氧化金属，玛瑙的颜色比较多样。

▲ 滑石是一种硅酸盐矿物，颜色一般为白色、灰白色，常会因含有各种杂质而呈现出不同的颜色。

▲ 绿柱石中含有氧化硅、氧化铍、氧化铝等，其中氧化硅的含量最高，约为 66.9%。

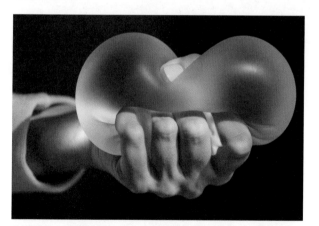

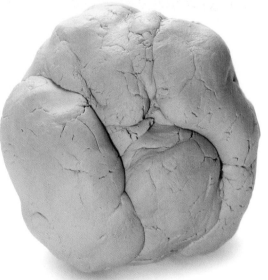

▲ 黏土的主要成分是氧化硅与氧化铝。

▲ 硅胶是一种吸附力强、具有多孔结构的非晶态物质，主要成分是二氧化硅。硅胶的化学性质稳定，不易燃烧。

▼ 天然硅酸盐岩石风化后会变成土壤、黏土和砂子。

▲ 紫水晶的主要成分是二氧化硅，因其含有铁、锰等离子而呈紫色。一般具有宝石价值的紫晶产自于伟晶岩、火山岩、页岩、灰岩的晶洞中。受自然环境的影响，天然紫水晶的紫色从浅到深都有，一块紫水晶上也会出现深浅不一的颜色。

◀水晶属于石英族矿物，主要成分是二氧化硅。

▲ 用碳在电炉中还原二氧化硅，可以制得晶体硅。

▲ 角闪石是一类镁、铁、钙、钠、铝等的硅酸盐或铝硅酸盐。

硅的应用

硅元素在工业、农业、航天、通信等领域都发挥着重要的作用。

▶ 硅胶干燥剂有很好的吸湿效果。

▲ 在硅片上米粒大的地方，就能集成数十万个晶体管。

▲ 硅胶吸附力强，可作为催化剂的载体。

▲ 硅胶牙套有矫正牙齿的作用，而且相较于其他材质的牙套，会更舒适一点。

◀硅元素有助于提高植物茎秆的硬度，还能够提高植物对紫外线辐射、盐胁迫、干旱以及病虫害等的抗性。

263

◀硅是制造太阳能电池的主要原料。

▼晶体硅具有半导体性质，可用于制作半导体器件。

◀硅胶材质的食品模具很柔软，容易脱模，加热也不会融化。

▼二氧化硅作为抗结剂可用于食品工业，如用于奶粉、可可粉、蛋白、糖粉、速溶咖啡等产品的加工中。

▲ 有机硅塑料是性能优异的防水涂布材料。在地铁隧道的四壁喷涂有机硅后，可以长久地对抗渗水问题。

◀ 硅可用于制作集成电路。

知识链接

硅胶在使用过程中，会吸附大量的水蒸气或其他有机物质，进而造成吸附能力下降，但经过再生后还可重复使用。

硅肺

硅肺是长期吸入大量含有二氧化硅的粉尘所造成的，患者肺部呈广泛的结节性纤维化。硅肺患者早期一般无症状或症状不明显，病情加重后会出现气促、胸闷、胸痛等症状。少数患者会出现血痰。病情严重者会出现支气管移位和叩诊浊音的病症。

▲ 陶瓷和金属制成的金属陶瓷复合材料，继承了两者各自的优点，又弥补了二者的缺陷。第一架航天飞机"哥伦比亚号"的外壳就是用这种材料制成的。

▲ 密封硅胶是一种液体胶，将其浇注到产品表面可以起到密封、隔热、绝缘、防潮等效果。最常见的密封硅胶是电子灌封胶。

▲ 硅胶手表的表带柔软、结实、有韧性。

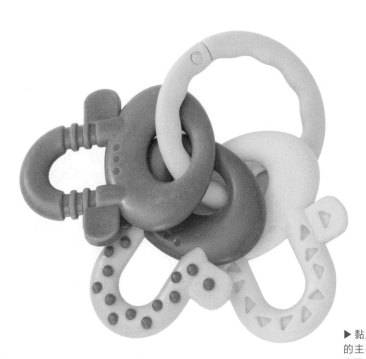

▲ 硅树脂材料的婴儿玩具，兼具无机材料和有机树脂的双重性质。

▶ 黏土是制造陶瓷的主要原料，它的主要成分为硅酸盐。

▲ 二氧化硅是制造玻璃制品的重要材料。

32
Ge 锗（zhě）

锗是一种准金属元素，其单质为灰白色的固体，质硬，有光泽，化学性质近似于同族的锡与硅。

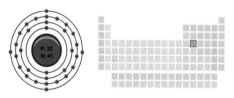

电子数：32　质子数：32　中子数：41

锗长时期以来都没有被大规模开采，并不是因为地壳中锗的含量少，而是因为锗在地壳中过于分散，含锗的矿石非常的少。

▲1871年门捷列夫就预言了锗元素的存在。1885年德国化学家文克勒于在分析硫银锗矿时发现了锗，后由硫化锗与氢共热，制出了锗。

▲ 地壳中锗的含量约为 0.0007%。

▲ 煤里面一般锗的含量约为 0.001%，相当于平均每吨煤中含有 10 克左右的锗。

◀木星的大气层中也有锗的存在。

▲ 许多铜矿、铁矿、铅矿、银矿中都夹杂着一些锗，甚至泥土、岩石、泉水中也有微量锗的存在。

锗是一种重要的战略资源，它有许多特殊的性质，在半导体、光纤通信、核物理探测、航空航天测控、化学催化剂、红外光学、生物医学等领域都有广泛的应用。

▶ 智能手机上应用了硅和锗制造的芯片。

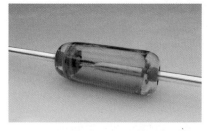

▲ 锗是一种优良的半导体，可以用作高频率电流的检波以及交流电的整流。

▼ 锗单晶制作的晶体管是第一代晶体管材料。

▼ 汽车上装载了锗制成的传感器，能够测算物体与汽车间的距离。

▲ 相机镜头中的二氧化锗，使更多的光折射入相机中。

知识链接

锗单质在早期被用于医学领域。1922年，美国的医生用锗来对贫血及其他病症进行治疗，但疗效并未得到证实。美国食品药品监督管理局进行研究后认为，锗作为膳食补充剂是可能危害人体健康的。锗的一些化合物对人体健康危害较大，例如四氯化锗及甲锗烷，它们对眼睛、皮肤、呼吸道黏膜有很大的刺激性，四氯化锗还能造成肝肾损害。锗化氢有跟砷化氢、锑化氢类似的溶血作用。

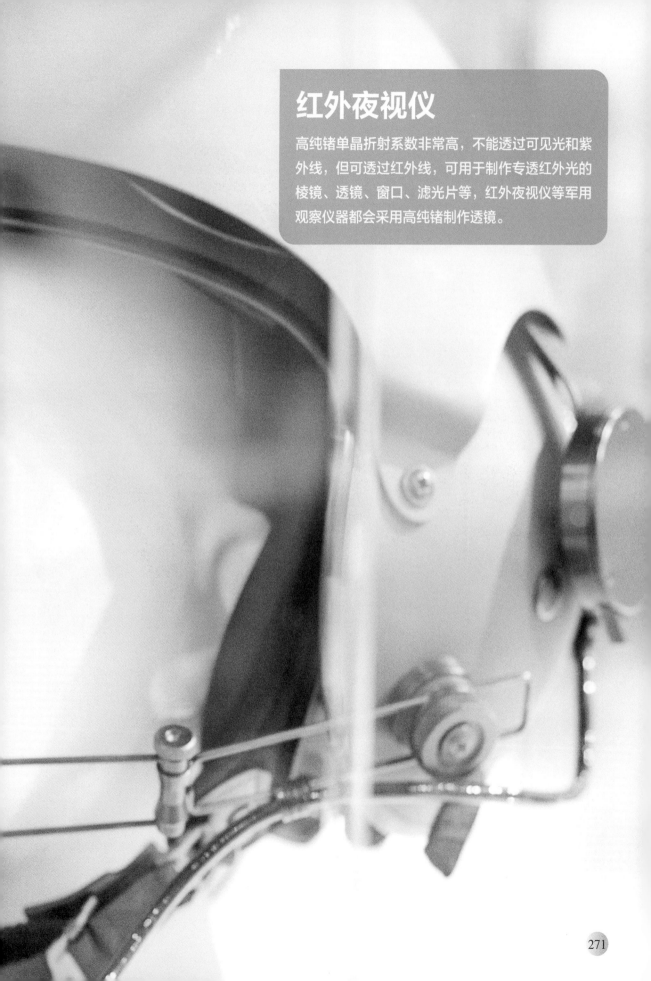

红外夜视仪

高纯锗单晶折射系数非常高，不能透过可见光和紫外线，但可透过红外线，可用于制作专透红外光的棱镜、透镜、窗口、滤光片等，红外夜视仪等军用观察仪器都会采用高纯锗制作透镜。

33
As 砷（shēn）

砷的单质有灰砷、黑砷和黄砷三种形态，其中，灰砷最为常见。灰砷脆而硬，有金属光泽，可捣成粉末状。黄砷呈蜡状，质地软，在光照下可转化为灰砷。黑砷的结构类似于红磷。

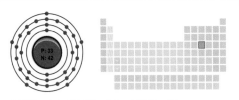

电子数：33　质子数：33　中子数：42

砷的化合物三氧化二砷俗称砒霜，有很强的毒性。单质砷在加热到 613℃时，会直接升华成气态，砷的蒸气有难闻的大蒜臭味。

▼ 自然状态下矿石中生成的砷。

▼ 砷黄铁矿是铁的硫砷化物矿物，呈锡白色至钢灰色，有金属光泽，不透明。经过烧灼的砷黄铁矿有磁性，砷黄铁矿经过锤击会发出蒜臭味。

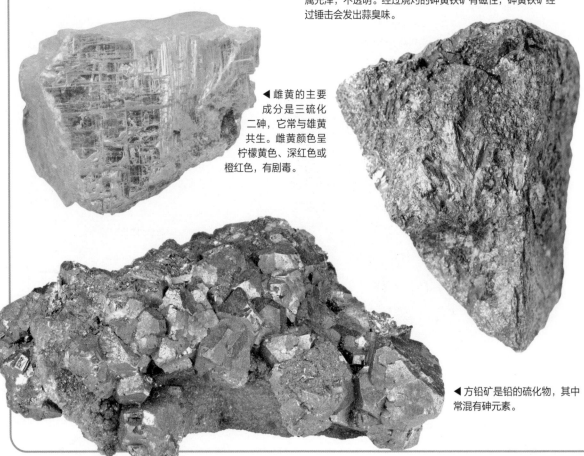

◀雌黄的主要成分是三硫化二砷，它常与雄黄共生。雌黄颜色呈柠檬黄色、深红色或橙红色，有剧毒。

◀方铅矿是铅的硫化物，其中常混有砷元素。

▶ 毒砂是一种原生砷矿物，俗称白砒石，可用它制取砒霜。

▲ 雄黄也叫石黄、鸡冠石、黄金石，主要成分为四硫化四砷。雄黄通常为橘黄色或橙黄色，性脆，质软。

▶ 砷铜矿是制取砷的原料，也是一种重要的铜矿石。

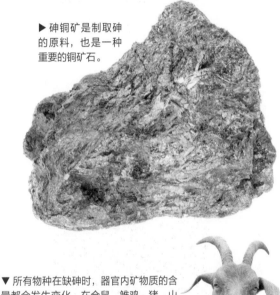

▼ 砷铅矿常见的颜色为黄色，也有少量的为橙色、绿色、褐色、灰色等颜色，纯净的砷铅矿是无色透明的。砷铅矿常与菱锌矿、褐铁矿、毒砂等共生。

▼ 所有物种在缺砷时，器官内矿物质的含量都会发生变化。在仓鼠、雏鸡、猪、山羊和大白鼠实验中，缺乏砷的表现是生长抑制、生殖异常、受精能力损伤等。

▲ 砷也是人体所需的一种微量元素，砷的主要膳食来源是鱼、海产品、谷类等。

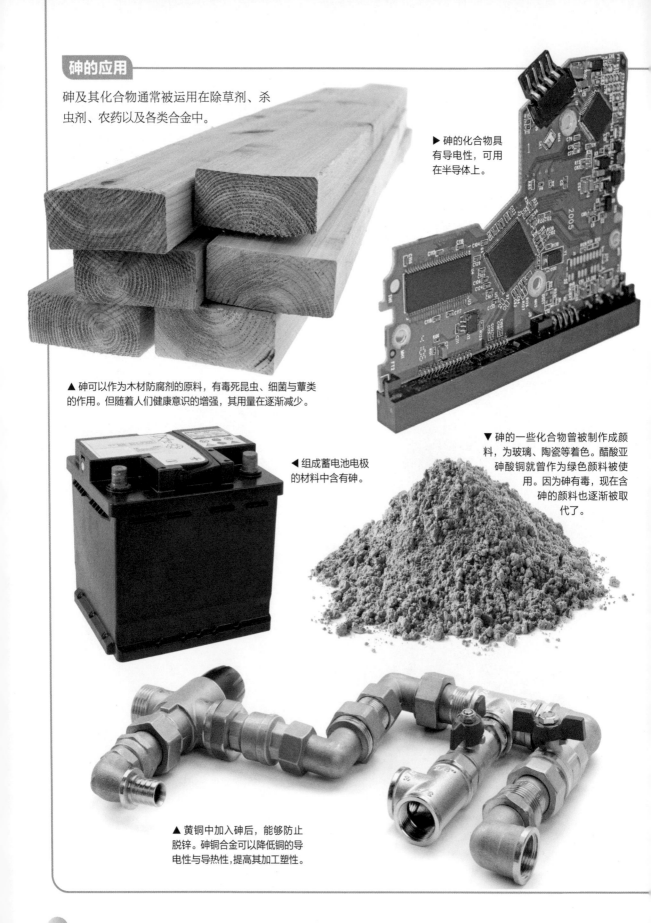

砷的应用

砷及其化合物通常被运用在除草剂、杀虫剂、农药以及各类合金中。

▶ 砷的化合物具有导电性，可用在半导体上。

▲ 砷可以作为木材防腐剂的原料，有毒死昆虫、细菌与蕈类的作用。但随着人们健康意识的增强，其用量在逐渐减少。

◀ 组成蓄电池电极的材料中含有砷。

▼ 砷的一些化合物曾被制作成颜料，为玻璃、陶瓷等着色。醋酸亚砷酸铜就曾作为绿色颜料被使用。因为砷有毒，现在含砷的颜料也逐渐被取代了。

▲ 黄铜中加入砷后，能够防止脱锌。砷铜合金可以降低铜的导电性与导热性,提高其加工塑性。

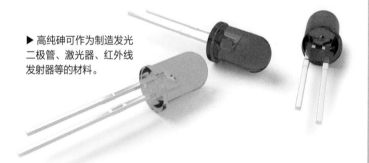

▲ 含砷的化合物可作为除草剂中的成分。

在生产或使用砷化合物时，如果没有做好防护措施，吸入了含砷的空气，或者食用了被砷污染的食物、饮料，就有可能发生急、慢性的砷中毒。砷化合物可经由人体皮肤、呼吸道和消化道吸收。

▶ 高纯砷可作为制造发光二极管、激光器、红外线发射器等的材料。

◀为了防止砷中毒，砷剂农药被要求必须染成红色，外包装要标示"毒"字，以防止与小苏打、面粉等物质混淆。拌制毒谷、毒饵的如有剩余，则应该深埋，绝对不可以食用或作饲料。盛装砷剂的器具，在使用后要仔细刷洗，以后不能再用来盛装任何食物了。用加工粮食的碾子等接触砷制剂也是不被允许的。

▼ 砷和铅的合金可作为制造子弹头的原料。

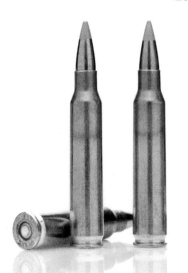

知识链接

砷在自然界主要以硫化物矿的形式存在，也存在部分氧化物和少量的单质形态。不仅火山喷发处及含砷的矿石中能发现砷的存在，土壤、矿物、水、植物中也都有微量的砷，人体组织中也有微量的砷。在18~20世纪，部分砷的化合物被当作药物使用，比如一种叫阿斯凡纳明的药物就曾被用于治疗梅毒和锥虫病。一些含砷中药制剂具有抗病原微生物、抗疟、抑制肿瘤组织生长的作用。

香槟池

香槟池位于新西兰北岛怀卡托区，是一个著名的地热景点。温泉中释放出大量二氧化碳，就像香槟酒的气泡从杯中升起，它因此而得名。温泉边缘的硫化砷和硫化锑等类金属化合物呈过饱和状态，出现大量的沉淀物，色彩艳丽。

51
Sb 锑（tī）

锑是一种银白色或灰色的金属，晶体结构呈鳞片状，有光泽，硬而脆。锑在潮湿的空气中会失去光泽，遇热会燃烧生成白色的氧化物。锑可溶于王水和浓硫酸。

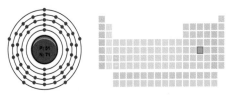

电子数：51　质子数：51　中子数：71

认识锑

在室温下，锑在空气中化学性质稳定，但加热后会生成三氧化二锑。一般条件下，锑不跟酸反应。锑的化合物在古代就被用来制作化妆品了。

▲ 金属锑的熔点为 630℃，沸点为 1635℃。纯锑无法用于制造硬的物品，容易磨损，贵州省在 1931 年曾发行过锑制的硬币，但在流通过程中损耗很大。

▲ 单质锑有四种同素异形体，但只有常见的金属锑是稳定的，另外三种为爆炸性锑、黑锑、黄锑，性质都不稳定。

▲ 自然界中形成的天然的锑。

▶ 工业制锑的方法是先对矿石进行焙烧，再在高温下用碳进行还原，或者直接用铁还原辉锑矿。

▲ 辉锑矿中锑的含量为 71.69%。辉锑矿是提炼锑的最重要的矿物原料。

◀ 地壳中锑的含量为 0.0001%，主要以辉锑矿、方锑矿或者单质态存在。

▲ 硫锑铅矿的颜色为铅灰至铁黑色，有金属光泽，有灰黑色、略带棕色的条纹。

锑的应用

中国是世界上较早发现和使用锑的国家之一。现在锑被广泛应用于各种阻燃剂、合金、玻璃、陶瓷、颜料、半导体元件的生产过程中，医药及化工等领域都有锑的参与。

▲ 火柴头中加入锑能够助燃，燃烧的火焰也会更加明亮。

▲ 锑、铅、锡制成的合金能够提升焊接材料、轴承、子弹等的性能。

◀ 氧化锑也与卤化物阻燃剂一起使用，用作玻璃纤维复合材料以及聚酯树脂的添加剂，一些轻型飞机发动机盖的制作就用到了它们。

锑的毒性

锑以及它的一些化合物都有毒性，与砷类似，它们都能抑制人体内酶的活性，急性锑中毒与砷中毒的症状也比较相似，但锑的毒性比砷要弱。吸入锑灰也会损害人体健康。吸入的剂量少时会引起眩晕、头疼、抑郁症状；如果摄入剂量较多，会引起剧烈而频繁的呕吐、皮肤炎等症状，甚至损害肝肾或致人死亡。

▲ 这些用于活字印刷的金属字母，是由锑和锡的合金制成的。

▶ 锑可作为香料的浸出剂。

▲ 传统的锑制器具。

▲ 铅酸电池的电极是由铅锑合金制成的。

▲ 含锑的铅基合金具有耐腐蚀的特性，是生产化工泵、车船用蓄电池电极板、化工管道、电缆包皮的首选材料。

▲ 天然产物的三氧化二锑称为锑华，也称锑白，可作为橡胶、搪瓷、陶瓷工业中的充填剂。

▲ 古埃及人制作眼影时，在其中加入了锑。

▶ 三氧化二锑在化学反应过程中可以减缓燃烧，因而能够用来制作耐火材料和阻燃剂，应用于儿童服装、玩具中。

▲ 三氧化二锑可以用于油漆的着色，可用于制作颜料、塑料，还具有阻燃作用。

▲ 三硫化锑是一种红色粉末状物质，不溶于水，可溶于盐酸。三硫化锑主要用于制作各种锑盐、有色玻璃以及颜料。

▲ 锑在生产聚对苯二甲酸乙二酯时可作为稳定剂和催化剂，还可以作为澄清剂，用于去除显微镜下可见的玻璃中的气泡，多用于电视屏幕的制造中。

知识链接

锑也曾被用在生物医学领域。例如医生曾经将含锑的药剂作为催吐剂，一种叫作酒石酸锑钾的物质被当作治疗血吸虫病的药物，锑及其化合物也被用作兽医药剂。世界上锑的主要生产国有中国、南非、玻利维亚、俄罗斯、塔吉克斯坦，全球90%以上的锑产量都来自这五个国家。中国是最大的锑生产国。锑的主要消费地区有美国、欧洲、中国、日本和东南亚。

52 Te 碲（dì）

碲可溶于硝酸、硫酸、王水、氢氧化钾、氰化钾中，不溶于二硫化碳。纯度为99.999%的高纯碲是以碲粉为原料，用多硫化钠抽提精制而得到的。

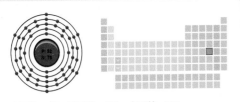

电子数：52　质子数：52　中子数：76

认识碲

碲有两种同素异形体，一种是晶体碲，外观为银白色，有金属光泽，性脆；另一种是无定形粉末状的碲，外观呈暗灰色。

▲ 碲的熔点为 452 ℃，沸点为 1390 ℃。

碲的应用

碲可作为半导体器件、合金、化工原料，还可在铸铁、橡胶、玻璃等工业作添加剂。

◀ 碲能够对青铜起到保护作用，增强它在空气中的抗腐蚀能力。

▲ 太阳能电池板连接着含碲的电池，二者共同完成发电。

▶ 碲加入玻璃中，能使其变成红色。

▼ 碲可用在定时炸药中，制作延时爆炸的引信。